LUTZ SCHUMACHER

Ich kann so nicht arbeiten

GOLDMANN
Lesen erleben

Buch

Harald Grützner, bisher tätig im Außendienst eines großen Süßwarenkonzerns, hat ein Problem: Er wurde strafversetzt in die Marketingabteilung. Für Harald Grützner ein Alptraum, denn wie soll er, der die Freiheit der Straße liebt, im engen Mikrokosmos eines Büros überleben? Und tatsächlich: Schon am ersten Arbeitstag wird Harald mit den harten Realitäten des Konzerninnenlebens konfrontiert. Sein Team besteht aus unmotivierten Versagern, Kollegin Dorothea tut alles, um ihn schnell wieder loszuwerden, und im entscheidenden Moment verschwört sich nicht nur sein Rechner, sondern auch der Betriebsrat gegen ihn. Bald erkennt Harald, dass er ganz neue Strategien ersinnen muss, wenn er überleben will …

Autor

Lutz Schumacher ist Journalist, Autor und Geschäftsführer der Tageszeitungsgruppe »Nordkurier« in Mecklenburg Vorpommern. Zuvor war er unter anderem tätig bei den »Ruhr Nachrichten«, dem Deutschen Depeschendienst, in der ProSieben Media AG und beim Deutschlandfunk.

Von Lutz Schumacher außerdem bei Goldmann lieferbar:

Wenn möglich, bitte wenden.
Abenteuer eines Autofahrers (15646)

Der Anschlusszug kann leider nicht warten
(zusammen mit Mark Spörrle, 15711)

Lutz Schumacher

Ich kann so nicht arbeiten

Der tägliche Wahnsinn im Büro

GOLDMANN

Das Zitat auf Seite 61 wurde entnommen aus:
Philip Kotler, Kevin Lane Keller, Friedhelm Bliemel,
Marketing-Management – Strategien für wertschaffendes Handeln,
München 2007, S.11.

MIX
Papier aus verantwortungsvollen Quellen
FSC® C014496

Verlagsgruppe Random House FSC-DEU-0100
Das FSC®-zertifizierte Papier *Holmen Book Cream* für dieses Buch
liefert Holmen Paper, Hallstavik, Schweden.

1. Auflage
Taschenbuchausgabe Juni 2012

Umschlaggestaltung: UNO Werbeagentur München
Umschlagmotiv: © FinePic®, München
Autorenfoto: © Conny Klein
AG · Herstellung: Str.
Druck und Einband: GGP Media GmbH, Pößneck
Printed in Germany
ISBN: 978-3-442-15633-7

www.goldmann-verlag.de

Inhaltsverzeichnis

Statt eines Vorwortes ...
Kohlrouladen, Honduras und ein Telefon 7

TEIL 1: Candy Man
Ein Klümpchen namens Schmitz 15
Das Aus für den Außendienst 18
Morgens um sechs ist die Welt nicht in Ordnung 22
An der Höllenpforte 24
Man ist, was man isst 35
Auf Irrwegen 40
Personalterror 46

TEIL 2: Geschlossene Abteilung
Der Schleudersitz 61
Einweisung 64
Zettelinferno 73
Der Mann ohne Eigenschaften 77
Begegnung der dritten Art 84
Der Verkannte 90
Kein Anschluss unter diesem Rechner 94
Der Innovator 105
Iren sind menschlich 112

TEIL 3: In der Falle

Verfolgungsjagd 125
Mahlzeit 137
Nur 24 Stunden 143
Das Igellied 147
Im Auge des Taifuns 149
Unter Briegeln 157
Santa Tonic 162

TEIL 4: Fall und Aufstieg des Harald G.

Ginsters Rache 181
Weißt du, wie viel Schränke stehen 186
Defragmentierung 195
Germany's Next Top Grützner 202
Ganz oben 206
Ameisenfütterung 214

Statt eines Vorwortes ...
Kohlrouladen, Honduras und ein Telefon

Büschl schaute auf die Uhr. Zwanzig vor eins. Sein Magen knurrte. Auf seinem Schreibtisch türmten sich unerledigte Vorgänge. Sein E-Mail-Eingang quoll über. Er nahm die dicke Hornbrille ab und rieb sich die schmerzenden Augen. Was für ein Tag.

»Prrring.«

Wieder eine E-Mail.

»Betrifft: Lieferschwierigkeiten in Honduras.
Sehr geehrter Herr Büschl, ich möchte Sie darüber informieren, dass sich die Tranchen A-2456 und A-2457 um ca. vier Tage verspäten werden. Bitte veranlassen Sie eine Änderung des Einholplans und setzen Sie den Einkauf in Kenntnis. MfG Habinghorst.«

Büschl stöhnte auf und griff zum Telefon. Nicht dass er ernsthaft erwartet hätte, mittags jemanden in der Beschaffungsabteilung zu erreichen.

»Nebenstelle 2228, Sekretariat Rohstoffeinkauf, der Teilnehmer kann den Anruf zur Zeit nicht entgegennehmen, bitte hinterlassen Sie eine Nachricht«, schnurrte die tonlose Stimme des neuen Telefonmanagementsystems.

»Disposition, Büschl«, sagte Büschl. »Es gibt Schwierigkeiten mit Honduras. Bitte rufen Sie mich unter 5066 zurück.«

So ging das heute die ganze Zeit. Von ungefähr 20 Vorgängen standen jetzt 14 auf Rückruf. Nichts ging voran.

Büschl schaute sehnsüchtig auf den Kantinenplan an der Wand. Es gab Kohlrouladen, sein Lieblingsgericht. Aber er wusste genau: Würde er das Büro auch nur eine Viertelstunde verlassen, wären das genau die 15 Minuten, in denen sich alle offenen Vorgänge zurückmelden würden, natürlich um dann sogleich wieder in mehrstündigen Besprechungen zu verschwinden.

Büschl sah sich um und atmete schwer aus. Hier waren alle krank oder im Urlaub. Evi, Siggi, Kuddel und der schweigsame Karl, den sie alle nicht mochten. Keiner da. Er war alleine und musste sich mit Lieferschwierigkeiten in Honduras, einem Problem am Rotterdamer Hafen mit der Etikettierung von Begleitscheinen und der fehlgeschlagenen Auftragsstornierung bei Beckers herumplagen.

Dann kam ihm ein Gedanke: Er könnte auf Müller umstellen. Der arbeitete zwar nicht in seiner Gruppe und war eigentlich für die Zentrallager zuständig. Aber Büschl hatte Müller auch schon einige Male aus der Klemme geholfen. Er griff zum Hörer, da kamen ihm Zweifel.

Der Müller war seltsam gewesen in letzter Zeit. Vorgestern zum Beispiel, da war er auf dem Gang einfach an ihm vorbeigelaufen. Büschl hatte ihm noch ein fröhliches »Mahlzeit« hinterhergerufen, aber das hatte dieser Mensch einfach ignoriert. Und gestern in der Kantine erst. Da hatte er ihn an der

Kasse getroffen. Jetzt, wo er so darüber nachdachte, fiel ihm ein, dass Müller sich scheinbar in Gedanken – wahrscheinlich aber doch absichtlich – umgedreht und dann entgegen seiner sonstigen Gewohnheiten ganz am Nordende des Betriebsrestaurants Platz genommen hatte. Alleine!

Naja, der Müller hatte sich immer schon für etwas Besonderes gehalten. Ein Snob, zweifellos – und doch völlig unbegründet. Denn die von der Lagerverwaltung wurden nach D4 vergütet, nicht wie er, Büschl, nach C5. Völlig zu Recht übrigens, fand Büschl, denn Lager, das war doch ein vergleichsweise lauer Job. Nicht wie die Disposition, wo ständig die Welt zu retten war, oder wenigstens das Stückchen, das Büschls Firma beackerte.

Apropos: »Prrring.«

Maschinenschaden in Uganda. Die Lieferungen A-2561 bis 2580 waren betroffen.

Büschl schaute erst die Uhr (kurz vor eins) und dann sein Telefon an. Müller würde – wenn er überhaupt da wäre – eine hanebüchene Ausrede erfinden und dann vermutlich erst einmal Zeitung lesen, während er, stellvertretender Chefdisponent Klaus Büschl, vor Hunger umkäme.

Dabei war es eine Kleinigkeit. Die Kantine lag um die Ecke. Jetzt um eins war es leer, er würde nur schnell die Kohlroulade verschlingen und den Nachtisch mit an den Platz nehmen. Müller könnte derweil die Rückrufer in Gespräche verwickeln und kurzfristige Rück-Rückrufe ankündigen, damit sie am Platz blieben und nicht in irgendeinem Besprechungsraum verschwänden.

Aber offenbar war das alles zu viel für Müller. Zum Beispiel letzte Woche: Da stand Büschl im Kopierraum, und plötzlich rutschte ihm ein ganzes Bündel Unterlagen auf den Boden. In diesem Moment schaute Müller um die Ecke, rief launig »Servus« und sagte dann auch noch:

»Die Schwerkraft ist heute wieder besonders gut in Form, was?«

Dann war er in seinem Büro verschwunden. Büschl hatte das in dem Moment ganz witzig gefunden.

Aber im Nachhinein betrachtet, war es doch eigentlich eine ziemliche Frechheit, oder? Er hätte ihm schließlich auch helfen können, aber dafür war sich ein Müller wohl zu fein. Büschl hatte Müller immer geholfen, einmal sogar fast eine Überstunde gemacht, weil Müller mit der neuen Antragsverwaltungssoftware nicht klarkam.

»Typisch, wieder mal einer vom Stamme Nimm«, zischte Büschl den Bildschirm an. »Aber wenn's drauf ankommt: Fehlanzeige.«

Büschl fluchte. Wenn er vor einer Viertelstunde losgegangen wäre, könnte er schon wieder hier sitzen, mit gefülltem Magen. Und niemand, wirklich niemand, hatte in der letzten Viertelstunde zurückgerufen. Und dafür hatte er sinnlos hier rumgehockt und nicht mal was geschafft.

»Prrring. Prrring.« Da kamen gerade zwei neue E-Mails, deren Betreffzeilen nichts Gutes verhießen.

Büschl begann Müller zu hassen, dem er das hier alles irgendwie zu verdanken hatte. Dieser Blutegel saß vermutlich mit Kohlrouladen vollgestopft an seinem Schreibtisch, schlürfte einen Espresso und las in einem Magazin oder schaute einfach aus dem Fenster, während er sich durch sein langes Haar strich. Abstoßend. Andere mussten hier ständig die Kohlen aus dem Feuer holen, und die Müllers dieser Welt schoben eine ruhige Kugel. Richtig zornig war Büschl jetzt. Er sprang auf. Er würde hinübergehen und diesen Typen vor seinen Kollegen bloßstellen. Eine Unverschämtheit, ihn so hängen zu lassen.

Das Telefon schellte. Büschl nahm ab.

»Büschl.«

»Du, hier ist der Ralf Müller von der Lagerverwaltung«, quäkte es aus dem Hörer. »Ich will mal schnell rüber in die Kantine, und hier bei uns ist kein Mensch da. Dauert nicht lange. Ich stelle auf dich um.«

Es klickte in der Leitung, und Büschl starrte mit offenem Mund noch mindestens zwei Minuten lang die Ohrmuschel an.

TEIL 1

Candy Man

Ein Klümpchen namens Schmitz

Am 1. November des Jahres 1868 rührte in dem holsteinischen Dorf Drekelsen ein kleiner, übellaunig dreinblickender Mann in seinem kupfernen Kessel herum, der über einem offenen Feuer in seiner mit allen möglichen Gerätschaften vollgestopften Küche hing. Missmutig strich er durch sein schütteres rotes Haar und starrte in die braune, klebrige Masse, die sich am Boden des Topfes abgesetzt hatte und die auch der Kochlöffel längst nicht mehr bewegen konnte. Ein beißender, süßlicher Geruch verbreitete sich im gesamten Raum, und über sämtliche Flächen der Küche hatte sich eine schmierige Schicht gelegt, die sich aus dem Nebel speiste, der aus der angebrannten Masse im Topf aufstieg.

Der rothaarige Mann hieß Hinnerk Schmitz – und hätte ihm jemand gesagt, dass ausgerechnet dieser düstere Tag später einmal als das Gründungsdatum eines weltumspannenden Süßwarenimperiums gefeiert werden würde, er hätte ihn mit dem Kochlöffel aus seiner Küche gejagt. Wenn er das blöde Ding bloß aus dem Topf bekommen hätte …

Und doch war es ein denkwürdiger Tag: Als Schmitz am späteren Nachmittag versuchte, den geschundenen Kessel auszukratzen, konnte er es sich nicht verkneifen, ein Stück aus der karamellisierten Masse herauszubrechen und daran zu lutschen. Überraschenderweise schmeckte der Klumpen ganz wunderbar, nach einer Mischung aus Malz, Sahne und Zuckerguss – und so lief Schmitz hinüber zu Ole Knudsen, dem Dorfkrämer, um ihm seine »Erfindung« zu präsentieren.

Knudsen blickte ihn skeptisch durch seine kleinen goldenen Brillengläser an, rieb sich den mächtigen Vollbart und ließ sich schließlich unter mürrischem Brummen zu einer Verkostung überreden. Auch Knudsen musste zugeben, dass die »Klümpchen« gar nicht so schlecht schmeckten. Weil sie jedoch formlos und unappetitlich aussahen, packte er sie kurzerhand in einen Satz bunter Papiertüten, die ihm am Tag vorher der Händler aus der Stadt dagelassen hatte, und stellte die Ware auf den Tresen.

Schmitz staunte nicht schlecht, als am nächsten Tag alle Tüten ausverkauft waren und Knudsen »mehr von den süßen Dingern« verlangte. Einen Monat und mehrere zerstörte Kupferkessel später hatte sich die Süßigkeit bereits über die Jahrmarktsplätze in die umliegenden Dörfer und Kleinstädte verbreitet, und Schmitz kam kaum noch mit der Herstellung nach.

Er räumte seine Küche und den Rest des kargen Hauses aus, zog ins Gasthaus und brutzelte fortan auf mehreren Kochstellen an den »Schmitzklümpchen« herum, wie er die süßen Teile nun stolz nannte.

Sein Kumpel Knudsen besorgte derweil den Vertrieb – und es dauerte nicht lange, bis die beiden ihre Firma »Schmitz & Knudsen, feinste Süßwaren« aus der Taufe heben konnten.

Das Glück war Schmitz jedoch nicht lange hold. Knapp ein Jahr nach der Entdeckung der Klümpchen fasste er in einen rostigen Nagel und starb schließlich an einer Blutvergiftung.

Knudsen spannte jetzt seine vier Söhne Jens, Sönke, Steen und Fiete in den Betrieb ein, wobei sich vor allem der Jüngste, Jens, als zuckerbäckerisches Naturtalent erwies und für die väterliche Unternehmung ganz neue Produkte schuf. Bald gab es neben den Schmitzklümpchen auch Geesttaler, Wattkrapfen und die nicht ganz so erfolgreichen »Marschmallos«.

20 Jahre später war »Knudsen & Söhne, feinste Süßwaren« zu einem stattlichen Betrieb mit über 100 Angestellten und Niederlassungen bis nach Rendsburg hinüber angewachsen.

Doch jedes Unternehmen gerät früher oder später in eine Krise, und nachdem die Knudsen-Söhne ihren alten Vater zu Grabe getragen hatten, war es Fiete, der dem Firmenmitbegründer die denkbar größte Schande bereitete.

Während seine Brüder rund um die Uhr im Betrieb schufteten – Jens leitete die Produktion und erfand immer neue Süßigkeiten, Sönke kümmerte sich um den Verkauf, und Steen verwaltete mit Akribie die Kasse, verfiel der große, schlaksige Fiete leider dem Glücksspiel und trieb sich in schäbigen Spelunken herum. Es dauerte nicht lange, und er verlor beim Pokern im Hinterzimmer einer einschlägig bekannten Kaschemme in Eckernförde die gesamte Süßwarenfirma, die er leichtsinnigerweise als Spieleinsatz verpfändet hatte.

So geschah es, dass ein reisender Händler aus dem Hessischen in den Besitz des Unternehmens kam, das fortan als »Erste Hanauer Süßwarenmanufaktur« firmierte und Filialen in weiten Teilen Deutschlands gründete. Sönke, Steen und Jens verblieben in der Firma als einfache Angestellte und verfluchten bis an ihr Lebensende den ältesten Bruder, der spurlos verschwand und nie wieder ein Lebenszeichen von sich gab …

Das Aus für den Außendienst

Viele Generationen von Süßwarenbäckern, Süßwarenverkäufern, Süßwarenlagerarbeitern, Süßwarenausfahrern und Süßwarenvertriebsverwaltungsmitarbeitern waren seit dem Zusammenbruch des Familienbetriebes Knudsen gekommen, hatten die besten Jahre ihres Lebens in den Dienst der Süßwarenproduktion gestellt, waren von Süßwarenfabrikdirektoren eingestellt, von links nach rechts, dann von rechts nach links und dann sicherheitshalber noch einmal in die entgegengesetzte Richtung befehligt worden.

Und schließlich wurden sie in den wohlverdienten Ruhestand verabschiedet und hatten, der eine mehr, der andere weniger, zum stetigen Anwachsen des Reichtums der zahlreichen Süßwarenfabrikinhaber und deren noch zahlreicherer Angehöriger beigetragen.

Und wie es manchmal merkwürdige Zufälle im Leben so wollen, stand auf den Tag genau 139 Jahre nach der Entdeckung des ersten Schmitzklümpchens ein großer, dunkelblonder und leicht übergewichtiger Mann namens Harald Grützner in einem Münchner Industriegebiet vor dem gigantischen Gebäudekomplex aus Waschbeton, in welchem die Hauptverwaltung des weltweit tätigen Süßwarenkonzerns Global Candy Inc. untergebracht war. Jenes Konzerns, der einmal im Krämerladen von Drekelsen/Holstein das Licht der Welt erblickt hatte.

Harald Grützner konnte dem Moment nichts Feierliches abgewinnen. Es war saukalt, und der scharfe Nordwind peitschte ihm eine unangenehme Mischung aus Regen und Graupeln ins Gesicht.

Harald schaute das Vordergebäude an. Es war durchgehend grau, neun Stockwerke ragten in den wolkenverhangenen Novemberhimmel, aus dem es unablässig schüttete. In der Mitte des Erdgeschosses prangte der gewaltige, aber doch komplett schmucklose Eingangsbereich, in die Eingangshalle von Candy konnte man über mehrere Glastüren oder eine an der Front eingelassene Drehtür gelangen. Die Außenwerbung versuchte mit einem fahlen, pinken Neonlicht durch das Unwetter zu dringen. Vergeblich.

Haralds Gefühlslage war zerrissen. Einerseits war er heilfroh, jetzt schnell ins Warme zu kommen. Andererseits grauste es ihm vor dem ersten Arbeitstag in der Zentrale seines Arbeitgebers, denn ganz freiwillig hatte es ihn nicht hierher verschlagen.

Eigentlich war Harald mit Leib und Seele ein Außendienstler, der seit vielen Jahren kreuz und quer durch Deutschland kurvte, um auch im allerletzten Ort irgendwo zwischen Flensburg und Passau den Fachhandel mit feinen und hochprozentigen Produkten der Marke »Chocolatiers Orphée« zu beglücken.

Auf seiner letzten Dienstreise war dann irgendwie alles schiefgegangen – eine Anhalterin, ein Traktor, das Navigationssystem seines Wagens und eine wirklich hinterhältig postierte Radarfalle waren in eine sehr unheilvolle Wechselbeziehung getreten. So zumindest lautete Haralds kläglicher Erklärungsversuch bei seinem Vorgesetzten Guido Hay – und anders als bei den üblichen Katastrophen in seinem Leben ließ sich diesmal auch mit viel Geld nichts mehr machen: Sein Führerschein würde die nächsten sechs Monate auf einer Polizeistation in Ingelheim zubringen.

Hay, Vertriebsleiter von »Orphée«, der Tochterfirma für die Luxusschokolade, die wiederum zur German Choc Holding gehörte, rief beim Generalbevollmächtigten für allgemeine Vertriebsfragen an, und der wiederum telefonierte mit dem leitenden Vertriebsdirektor bei Global Candy Inc., dem Mutterkonzern der German Choc GmbH & Co. KG.

Alle Beteiligten, mit Ausnahme Haralds, kamen überein, dass ein führerscheinloser Außendienstler wertlos sei und man es nicht hinnehmen könne, eine solche Person ein halbes Jahr durchzufüttern. Außerdem habe der Arbeitnehmer Grützner in der Vergangenheit vielfach dokumentiert, dass er mit dem Straßenverkehr im Allgemeinen und der Straßenverkehrsordnung im Besonderen auf dem Kriegsfuß stehe, und wer weiß, was da noch alles komme, hieß es.

Die hinzugezogene Personalabteilung von German Choc bestätigte zudem, dass man Grützner vor einigen Jahren aufgrund von »unerfreulichen Vorkommnissen« den Dienstwagen entzogen habe und dieser sich seitdem mit dem Privatauto durchschlagen müsse, woraufhin die Konzernpersonalabteilung von Candy Inc. sekundierte, dass dies nach den allgemeinen Vertriebsrichtlinien der Unternehmensholding ohnehin nur ausnahmsweise und eigentlich auch nur befristet möglich sei.

Schließlich wurde in einer Videokonferenz beschlossen, Harald in den Innendienst zu versetzen.

Nach weiteren rund 20 Telefonaten und einer Vielzahl an

Mails und Briefen zwischen allen beteiligten Bereichsverantwortlichen der diversen Tochter-, Schwester-, Zwischen- und Unterfirmen der weitverzweigten Candy-Gruppe war man sich endlich einig: Wegen der langjährigen Erfahrung und der »durchaus positiven Verkaufsergebnisse« von Herrn Grützner komme immerhin eine Stelle als Gruppenleiter in der Hauptverwaltung in Frage, hieß es in einem Schreiben der Candy-Zentrale, das sieben Unterschriften trug.

Viel mehr wusste Harald an diesem Morgen auch nicht, außer dass er sich um Punkt neun in der Personalabteilung bei Herrn Uwe Diester melden solle, Fachreferent für die Unternehmensbereiche Vertrieb und Marketing.

Bis vor kurzem hatte Harald in einer schönen Altbauwohnung in Berlin gewohnt. Da man sein Gehalt aus besagten disziplinarischen Gründen um den üppigen Provisionsanteil gekürzt hatte, war es ihm bislang nicht gelungen, in München auch nur eine Einzimmerwohnung zu finden, die seinen neuen finanziellen Möglichkeiten entsprach. Letzte Woche hatte er dann angesichts der drohenden Obdachlosigkeit in einer heruntergekommenen Pension ein möbliertes Zimmer angemietet und seinen bescheidenen Besitz gegen eine horrende Gebühr bei einer Spedition eingelagert.

»Das ist so ungerecht, ich könnte schreien«, murmelte Harald nicht zum ersten Mal an diesem Tag. Regen lief über seinen ursprünglich hellen, jetzt jedoch durch die Nässe eher matschfarbenen Mantel. Harald schaute auf die Uhr. Kurz vor neun, er war wundersamerweise pünktlich.

Morgens um sechs ist die Welt nicht in Ordnung

Drei Stunden bevor Harald seine neue Wirkungsstätte erreichte, hatte in einer Münchner Zweiraumwohnung ein Wecker geklingelt, genau um 5.59 Uhr.

Dorothea Göhmann setzte sich kerzengerade in ihrem Bett auf. Hätte sie jemand gefragt, ob sie gerne so früh aufstehe, wäre sie vermutlich irritiert gewesen, hätte dann aber unwirsch geantwortet, dass es eben so sei, wie es sei. Das Leben war schließlich kein Ponyhof. Dorothea stand immer um eine Minute vor sechs auf. Auch am Wochenende. Dann hörte sie die Sechs-Uhr-Nachrichten, sagte sich mit grimmiger Freude, dass es gut sei, in München und nicht in Kandahar zu leben, auch wenn in München die Radwege immer zugeparkt waren und die Hundebesitzer ihre Köter auf den Gehweg machen ließen.

Vier nach sechs. Dorothea ging ins Bad. Ein Blick auf den Wandkalender sagte ihr, dass Waschtag war. Um Wasser zu sparen, duschte Dorothea nämlich immer nur jeden zweiten Tag. An den anderen Tagen war Katzenwäsche über dem kleinen Handwaschbecken angesagt.

Mit zusammengekniffenen Augen schaute sie in den Spiegel. Was sie sah, war nicht sehr erfreulich, aber was war schon erfreulich im Leben? Das von Dorothea zählte 52 trostlose Jahre. Sie trug langes braun-graues Haar, meist zu einem lieblosen Zopf zusammengebunden. Nach der Waschung würde sie ihre harten grauen Augen mit einer unmodern getönten Brille abdecken, durch die sie dann die Welt und vor allem die darin lebenden Menschen mit einer Mischung aus Abscheu und unterdrückter Wut anstarrte. Kollegen flüsterten hinter vorgehaltener Hand, Dorotheas Blick könne Blumen töten, vielleicht auch mehr.

Ein definitiver Beweis stand aber noch aus.

Dorothea ging in die Küche und ließ Wasser in den Teekocher laufen. Während sie das Gerät einschaltete, seufzte sie. Darin lag so etwas wie ihre persönliche Lebensphilosophie. Es gab viel zu seufzen. Über die hohen Wasserpreise in München. Über Schmidt vom Stockwerk drunter, der immer seine Schuhe in den Hausflur stellte, obwohl das laut Hausordnung verboten war. Über den Zusteller, der ihr mit Werbeprospekten den Briefkasten verstopfte, obwohl sie doch einen Werbeverbotsaufkleber angebracht hatte. Über den Hausmeister, der immer die Kellertür aufstehen ließ. Nein, sie hatte es wahrlich nicht leicht.

Es maunzte. Dorotheas Blick wurde eine niedrige Gradzahl weicher, als sie Schnucki, ihren grau-schwarzen Kater um die Ecke kommen sah.

»Du hast Hunger«, stellte Dorothea fest.

Es war jetzt zwanzig nach sechs, und auch dieses Ritual wiederholte sich jeden Morgen. Dorothea öffnete den Kühlschrank und kratzte unter Schnuckis gierigen Blicken einige Brocken Fleisch aus der angebrochenen Dose »Katzenglück, Sorte Huhn«, um sie dann in Schnuckis violetten Napf zu füllen.

Des einen Glück, des anderen Leid, dachte Dorothea, andererseits war sie sich sicher, dass ein unglückliches Huhn bestimmt reichte, um mindestens 20 Dosen Katzenglück zu erzeugen. Insofern war das schon in Ordnung.

Während sich Schnucki über die Beute hermachte, bereitete Dorothea ein nicht minder liebloses Frühstück zu, bestehend aus zwei angetrockneten Vollkornschnitten, Magerquark und etwas farblosem Fruchtgelee. Dazu gab es Brennnesseltee. Kaffee würde sie erst später im Büro trinken, wo er glücklicherweise kostenlos war.

Um kurz nach sieben verließ Dorothea die Wohnung im dritten Stock und ging in den Fahrradkeller. Ihre Arbeitsstelle, die Hauptverwaltung des Süßwarenkonzerns Global Candy Inc., lag etwa zwanzig Radminuten entfernt. Sie begann dort immer um halb acht, als Einzige in ihrer Abteilung. Die anderen kamen erst zwischen neun und halb zehn. Dann hatte Dorothea schon »was geschafft«. Außerdem konnte sie dann früher gehen, nämlich um vier. Da hatte man noch etwas vom Tag, fand Dorothea, wenngleich nicht viele Menschen ihre freudlose Vorstellung von »etwas vom Tag haben« geteilt hätten.

Dorothea öffnete die Tür zum Keller. Jemand hatte die Luft aus ihrem Hinterreifen gelassen. Sie schaute grimmig nach der Luftpumpe. Nein, das Leben war nicht schön. Aber das hatte ja auch niemand, und schon gar nicht Dorothea, behauptet.

An der Höllenpforte

Zügig schritt Harald auf das Eingangsportal von Global Candy Inc. zu. Trotz des Dauerregens bemerkte er sofort den weichen Widerstand unter seinem rechten Fuß und schaute vorahnungsvoll nach unten. Er war in einen Hundehaufen getreten.

»Ganz großartig«, zischte er und blickte sich durch den Regenschleier um. Vor dem Gebäude stand ein einsamer kleiner Baum, der mit Ziegelsteinen eingefasst war. Harald lief auf das Ziergewächs zu, wobei er versuchte, den Dreck schon mal in den Pfützen wegzuspülen. Gleich die erste Lache war jedoch so tief, dass ihm das Wasser in die Halbschuhe lief.

»Jetzt habe ich Hundescheiße unter der Sohle und Brackwasser in den Socken«, fluchte Harald und stapfte mit klitschnassen Füßen auf den Baum zu. Es stand so viel Wasser in den Schuhen, dass es beim Gehen quietschte. Mehr schlecht als recht rieb er den Dreck an der Steinkante ab, dann lief er zu dem Dachvorsprung über der Eingangstür, um endlich dem Regen zu entkommen.

Harald dachte an den Dackel seiner Eltern, als er beim Betreten der Eingangshalle kräftig seinen nassen Kopf schüttelte. Das Regenwasser lief an ihm herunter, er wischte mit einer Hand über sein Gesicht. Von der am Morgen mühsam gerichteten Frisur war nichts übriggeblieben, seine dunkelblonden Haare hingen klitschnass und in Strähnen vom Kopf.

Harald schaute sich um. Der Raum war riesig und leer, und niemand hatte sich die Mühe gemacht, das auch nur ansatzweise zu verbergen. Auf der gegenüberliegenden Seite befand sich eine lange Theke, mitten in der Halle stand völlig verloren ein gewaltiges Süßigkeitenregal, das versuchte, die Formen eines Clowns zu imitieren: Oben über dem letzten Regalbrett lachte ein Gesicht, an den Seiten des Warenständers waren Plastikarme angeschraubt, die etwas zu jonglieren schienen. War das bunte Teil inmitten eines grauen Nichts schon deplatziert genug, so galt das erst recht für die schweren Ölgemälde, die rechts und links der Theke hingen. Sie zeigten ernste Männer mit langen Bärten und altmodischen Brillen.

»Möglicherweise die Firmengründer«, dachte Harald, der nichts über die Firmengeschichte und erst recht nichts über eine Familie namens Knudsen wusste.

Eine feuchte Spur hinter sich herziehend ging Harald zum Empfang. Im selben Augenblick kam ein gutaussehender Mann Mitte zwanzig aus einem der fünf Aufzüge und steuerte mit schnellen Schritten auf die Theke zu, hinter der Harald erst jetzt zwei junge Mädchen mit dunklem Haar und extremer Beschminkung bemerkte. Beide hätten aus »Germany's Next Top Model« oder zumindest einer Werbebroschüre für Gesichtskosmetik stammen können.

Zeitgleich mit dem jungen Mann erreichte Harald den Tresen. Sofort drehten sich die beiden hübschen Köpfe dem Jüngeren zu.

»Äh …«, sagte Harald, was nicht gerade sehr einfallsreich war.

»Hi Marco«, flötete eins der beiden Models, das ein Schildchen mit der Aufschrift »Sonya Haliyari« trug. Sie klimperte den braungebrannten Jungen mit ihren großen, lidschattengeweiteten Augen an, die jeden Marketingverantwortlichen eines großen Kosmetikherstellers vor Freude hätten jubeln lassen. Marco war offenbar ebenfalls ein »Candy«-Mitarbeiter, jedenfalls trug er auch so ein Schild – mit dem Namen »Marco Langner«.

»Hat Christa die Unterlagen hier abgegeben?«, wollte

Marco wissen, stellte sich breitbeinig vor die Theke und begann mit dem Oberkörper sanft hin und her zu wippen. Trotz des ekligen Wetters trug er ein kurzes, enganliegendes T-Shirt.

»Nee, hier ist nichts«, klimperte Sonya. Ihre Augenbrauen waren zu dünnen schwarzen Strichen gezupft, vermutlich mehrere Packungen Make-up hatten ihre Gesichtshaut in eine glatte, makellose rot-bronze-beigefarbene Oberfläche verwandelt. Wenn sie »nichts« sagte, klang es wie »nischts«.

Harald versuchte mit einem gezielten Räuspern wenigstens die Aufmerksamkeit ihres Doubles zu gewinnen, das laut Schild auf den Namen »Taniya Khallou« hörte. Augenscheinlich war Harald jedoch unsichtbar und auch unhörbar geworden, weil Taniya sich jetzt in das Gespräch einmischte.

»Und, alles gut bei euch? Habt ihr gestern noch lange gemacht?«, wollte sie wissen. Harald registrierte mit Widerwillen, dass Taniya das gleiche Sprachmanko hatte wie Sonya und das »euch« als »eusch« aussprach. Er hasste das wirklich. Und gleich würde sie »isch« sagen.

»Isch konnte ja leider nicht mitgehen«, sagte Taniya und gab sich keinerlei Mühe, ihren migrationshintergrundbedingten Akzent zu vertuschen.

Harald zuckte zusammen, besann sich dann aber des Zwecks seines Hierseins und räusperte sich noch einmal, diesmal lauter. Taniya wandte sich um, aber nicht, um mit Harald zu sprechen, sondern um in ihren Rechner zu schauen, während Sonya mit Marco, soweit Harald das verfolgen konnte, die gestrige Party durchsprach.

»Ähem, Entschuldigung«, räusperte sich Harald erneut. Taniya starrte auf den Bildschirm.

Die Situation war nicht ganz neu für Harald. In seinen langen Außendienstjahren hatte er immer wieder in Empfangshallen und -räumen gestanden und dort versucht, an den Mitarbeitern vorbeizukommen, um seinen Termin bei irgendeinem tatsächlich oder vermeintlich wichtigen Entscheider wahrnehmen zu können. Der Empfang eines Unternehmens war immer eine echte Hürde, wobei das Wort »Empfang« die Situation in der Regel unzutreffend beschrieb. Nach Haralds Wahrnehmung waren die Mitarbeiter dieses Bereichs eher danach ausgewählt, lästige Besucher zu verunsichern und zumindest von Wiederholungstaten abzuschrecken. Aber vielleicht hatte er auch durch seine Verkaufstätigkeit eine eigenartige Perspektive gewonnen? Sonya und Taniya jedenfalls passten gut zu der nach Haralds Meinung häufig gewählten Strategie, den Besucher durch vollständige Missachtung zu demütigen.

Es gab auch die aggressiven Pförtner (immer Männer, meist in Uniform), die den Besucher bereits an der Tür anbellten, was er eigentlich hier zu suchen habe, und ihm damit von der ersten Sekunde an klarmachten, dass er vollkommen unerwünscht sei.

Eine weitere Variante war der misstrauische Türwächter – wortkarg und dünnlippig –, der es vermied, den Gast überhaupt nur anzusehen und mehr als ein leises Grunzen von sich zu geben. Bei diesem Typus konnte man nie sicher sein, ob er überhaupt das Anliegen (»Ich möchte zu Dr. Tostberg«) verstanden hatte. Nur im äußersten Notfall kam ihm etwas wie »zweiter Stock, links und dann den Gang durch« über die Lippen – das dann aber mit erkennbaren Schmerzen und bis an die Grenze der Unhörbarkeit genuschelt.

Harald kannte natürlich auch das Gegenkonzept, nämlich das der überfreundlichen Rezeptionistin, die begeistert jede Banalität lautstark wiederholte und durch die gesamte Wandelhalle brüllte, um anschließend mit freudigem Zittern in der Stimme im Vorzimmer des Gastgebers anzurufen: »Hallo Frau Jagermann, Herr Grützner ist jetzt hier. Ja! Für Herrn Schenkelbach. Ich kann ihn schon raufschicken? Ach wunderbar. Ja! Mache ich gerne! Herr Grützner, Sie werden im zweiten Stock erwartet. Nehmen Sie doch den Aufzug, Sie sind schon mal Aufzug gefahren?...«

Harald sog die Luft tief ein. Taniya blickte weiterhin verkrampft auf ihren Computerbildschirm. Das war auch so eine Frage, die er sich in all den Jahren immer wieder gestellt hatte: Was zum Teufel sahen die Empfangsdamen auf diesen Bildschirmen? Womit beschäftigten die sich den ganzen Tag? Mussten sie eine fortlaufende, komplizierte Statistik erstellen? »Fünf männliche, drei weibliche Besucher. Zwei unentschieden.« Oder belegten sie alle einen Fernkurs in Floristik?

Oder stand da etwa »Guten Tag, mein Name ist Taniya Khallou, wie kann ich Ihnen weiterhelfen?« – und sie versuchten – leider erfolglos – diesen Satz auswendig zu lernen?

Es reichte ihm jetzt.

»Sie, haben Sie mal einen Augenblick für mich?«, rief Harald dem Zweitmodel zu. Endlich schaute sie auf, zornig allerdings, weil er sie bei was auch immer gestört hatte. Sonya und Marco guckten kurz gleichgültig zu Harald, vertieften sich aber sogleich wieder in einen internen Tratsch, bei dem es offenbar um die Frage ging, wer mit wem in welcher Bar gesehen worden war, vielleicht aber auch, wer wen bei Facebook gegrüßt hatte. Das war von seiner Position aus schwer zu beurteilen.

Harald schaute Taniya in die Prinzessinnenaugen. »Mein Name ist Harald Grützner, ich habe einen Termin mit Herrn Uwe Diester.«

Taniya war nicht sehr beeindruckt. »Und wer soll das sein?«, fragte sie – knapp an Harald vorbei.

»Personalreferent«, gab Harald zurück und strich sich durch das vom Regen und Resten eines Haarfestigers pomadig gewordene Haar. Sein Mantel dampfte. Er stand inzwischen in einer kleinen Pfütze.

»Aha«, sagte Taniya und begann, den Namen in ihren Computer zu tippen, wobei sie äußerst bemüht war, ihre extrem langen und mit zahlreichen Verzierungen versehenen Fingernägel nicht zu beschädigen. Harald sah jetzt, dass an Taniyas Ohren, Armen und Fingern Unmengen von Modeschmuck baumelten. Die Tippgeschwindigkeit wurde zusätzlich durch einen goldenen Armreifen behindert, der ständig über ihre rechte Hand rutschte.

»Hier gibt es keinen Udo Diener«, teilte Taniya schließlich mit.

»Tja«, ätzte Harald, »ich bin auch nicht mit Udo Diener, sondern mit Uwe Diester verabredet.«

»Dann müssen Sie das auch gleich sagen«, gab Taniya vorwurfsvoll zurück.

Harald sog wieder die Luft ein. Sie hatte »gleisch« gesagt. Taniya tippte erneut. Ihr Armreifen purzelte auf die Tastatur.

»Servus!«, rief Marco und lief mit federnden Schritten zum Aufzug zurück. Harald schreckte auf.

»Du, schau mal, der will zu einem Diester oder so, aber den

gibt es nicht im System«, wandte sich Taniya an ihr Ebenbild Sonya. Harald meinte, leichten Ekel in der Stimme zu hören.

Das zweite Paar Glitzeraugen richtete sich auf ihn. Jetzt hatte Harald die ungeteilte Aufmerksamkeit des durchgestylten Model-Duos und fühlte sich plötzlich in seinem durchnässten Mantel und mit seinen angeklatschten Haaren sehr hässlich. Sonya rümpfte die Nase.

»Was riecht denn hier so eklisch?«, fragte sie und starrte Harald an. Das Blut schoss ihm in den Kopf, als er schnell nach unten blickte. An seinem rechten Schuh hing immer noch ein Stück Hundekot, zu allem Überfluss quietschte es jetzt wieder aus den Schuhen, als er versuchte, die Füße irgendwie hinter den Beinen zu verstecken. Taniya und Sonya glotzten ihn an.

»Ich habe … keine Ahnung«, stammelte Harald, »können Sie mich nicht endlich bei Herrn Diester anmelden?«

»Was willst du wirklich?«, fragte Taniya, die jetzt offenbar fand, dass man den stinkenden Typen, der vermutlich ein Stadtstreicher war, nicht siezen müsse.

»Betteln, oder was?«, sekundierte Sonya mit angewidertem Blick. Harald wurde wieder rot, diesmal allerdings vor Wut.

»O.k., ich sehe gerade nicht besonders fein aus. Vielleicht ist Ihnen aufgefallen, dass es draußen aus Kübeln schüttet.«

»Und da willst du dich hier ein bisschen aufwärmen«, sagte Sonya mit steinerner Miene und griff zum Telefonhörer. Haralds Gesichtsfarbe nahm die von roten Schaumerdbeeren an, solchen, die er sich als Kind immer besonders gerne gekauft hatte und von denen wahrscheinlich einige in dem Clownsständer im Foyer hinter ihm lagen. Der Gedanke an den angenehmen Geschmack, wenn man den cremigen Schaum zerbiss, reichte jedoch nicht aus, um seinen Zornesausbruch zu stoppen:

»Jetzt reicht's mir aber«, brüllte Harald. »Ich habe um neun Uhr einen Termin in der Personalabteilung, weil ich hier heute anfange. Ich bin ein Kollege! Hören Sie endlich auf, sich so aufzuführen!«

Sonyas Blick sagte ihm, dass sie die Aussicht, in einer Firma mit Harald zu arbeiten, weder für realistisch noch – falls es wider Erwarten doch stimmen sollte – für irgendwie tragbar hielt. Ohne den Hörer aufzulegen blickte sie Harald in die Augen.

»Ach ja, wenn du Mitarbeiter bist, dann hast du doch bestimmt einen Ausweis«, sagte sie höhnisch.

»Wie denn?«, rief Harald. »Heute ist doch mein erster Tag!« Hilfesuchend schaute sich Harald um. Wie konnte es eigentlich sein, dass er in einer Konzernzentrale, in der über zweitausend Menschen arbeiteten, seit einer Viertelstunde niemanden außer diesem Partyhengst Marco gesehen hatte?

Jetzt mischte sich auch Taniya wieder ein: »Außerdem benutzen Mitarbeiter« – sie betonte jede Silbe – »den Personaleingang in der Hasengasse. Das müsstest du doch eigentlich wissen.«

»Nichts weiß ich«, stöhnte Harald mit wachsender Verzweiflung, unter anderem auch, weil Taniya »eigentlisch« gesagt hatte, »warten Sie, ich habe ein Schreiben!« Harald begann, seinen Anzug und seine Manteltaschen zu durchwühlen.

Die Fahrstuhltür öffnete sich, und eine kleine, dicke, blonde Frau hielt auf die Theke zu.

Jetzt bekam Harald das Papier zu fassen und zog es triumphierend heraus. Taniya und Sonya schauten misstrauisch auf den Fetzen. Die Feuchtigkeit war auch in Haralds Manteltaschen eingedrungen und hatte das Schreiben völlig durchnässt, es ließ sich kaum noch lesen.

»Das hat der Typ doch aus einem Papierkorb geklaut«, flüsterte Taniya ihrer Doppelgängerin zu, leise zwar, aber doch laut genug zu, um es Harald hören zu lassen. Der schnappte nach Luft und wollte erneut losbrüllen, aber in diesem Moment hatte die Blonde den Tresen erreicht und sprach Sonya an:

»Ich habe hier Unterlagen fürs Eventmanagement. Wenn Marco oder Sabine kommen, könnt ihr denen das geben.«

»Marco war gerade da«, rief Taniya erleichtert, weil sie endlich von dem vermeintlichen Stadtstreicher abgelenkt wurde.

»Ach blöd«, antwortete die Blonde. Sie war ungefähr 50 Jahre alt, trug eine einfallslose Dauerwelle und einen grauen Faltenrock. Und sie war Haralds einzige Chance.

»Entschuldigen Sie«, sprach er sie hastig an. »Ich habe einen Termin in der Personalabteilung mit Herrn Diester. Aber die Damen hier« – er zeigte auf das Taniya-Sonya-Duo – »haben keine Ahnung, wer das ist. Kennen Sie vielleicht Herrn Diester?«

Die Blonde nickte belustigt. »Der Uwe. Na, der hat's nicht lange ausgehalten. Der arbeitet nicht mehr hier.«

Das Duo schaute gehässig.

»Aber, aber …«, stammelte Harald. »Hier in dem Brief steht doch, ich solle um neun Uhr zu Herrn Diester …«

»Tja, da hat wohl mal wieder jemand geschlafen«, meinte die Frau. »Wundert mich ja nicht. Der Uwe war für die Marketingabteilung zuständig, aber da wird ja ständig alles umstrukturiert, und wenn dann mal wieder ein neuer Leiter kommt und überall seine eigenen Leute unterbringt, dann sind die Personaler meistens auch gleich mit weg. Ein Glück, dass ich nicht in dem Haifischbecken arbeiten muss.«

»Was machen Sie?«, fragte Harald verunsichert.

»Ich bin in der Debitorenbuchhaltung«, sagte die Blonde mit einem Anflug von Stolz in der Stimme. »Also die für die inländischen Töchter. Nicht die im SG IV.«

»SG IV?«, nuschelte Harald.

»Über den Hof und dann links, der große Anbau. Aber da sitzen nur die Europäischen«, rief die Frau und trabte wieder Richtung Fahrstühle.

Harald zuckte mit den Achseln, dann fixierte er Sonya. »Sie haben es gehört, da muss wohl ein Missverständnis vorliegen. Können Sie bitte in der Personalabteilung anrufen und nachfragen, wer für mich zuständig ist«, herrschte er die Empfangsdame an, die zum ersten Mal etwas eingeschüchtert guckte.

»Vielleicht steht was auf dem Zettel, schau doch mal nach«, schlug Taniya vor.

»Was für ein Zettel?«, fauchte Sonya. »Ich blicke überhaupt nicht mehr durch in dem ganzen Chaos hier.«

Tatsächlich lag auf der Theke, die ansonsten blitzblank und völlig leer war, ein einzelner, kleiner Zettel.

»Meinst du den hier?«, fragte Sonya.

»So viele Zettel gibt es hier ja offenbar nicht«, mischte sich jetzt Harald ein und fing sich sofort einen vernichtenden Blick ein.

»Hier steht; Herrn Harald Grützner (Termin 9 Uhr) zur Personalabteilung, Herrn Volkmar Branse, schicken.«

»Was sollen wir eigentlich noch alles machen?«, maulte Sonya.

Taniya nickte düster.

Harald schaute auf die große Wanduhr. Es war mittlerweile kurz vor halb zehn.

»Vielen Dank, dass Sie meinen ersten Arbeitstag versaut haben«, fuhr er die beiden Topmodels an, dann drehte er sich um und ging mit quietschenden Schuhen, aber aufrechten Ganges zu den Aufzügen. Er hatte vergessen zu fragen, in welchem Gebäudeteil die Personalabteilung eigentlich war, aber er hatte jetzt keine Lust, sich die Blöße zu geben und zurückzugehen. So etwas stand üblicherweise im Aufzug an den Etagenknöpfen, war sich Harald sicher. Ohne den Kopf noch einmal zu drehen, stieg er in den ersten Aufzug.

Man ist, was man isst

An diesem Morgen hatte sich Kirsten vorgenommen, über ihren Schatten zu springen und die Bäckerei in der Emmausstraße noch einmal zu betreten.

Es war ein verdammt großer Schatten, wie sie fand, denn die Angestellte dort hatte vor etwa zwei Wochen etwas sehr Schlimmes getan. Kirsten hatte nichtsahnend nach einem belegten Vollkornbrötchen mit Käse gefragt, und die etwas trampelige blonde Verkäuferin, die bestimmt eine Auszubildende oder so etwas war, hatte sie angeschaut und transusig gesagt:

»Käsebrötchen sind aus. Soll ich Ihnen ein neues machen?«

Nichtsahnend stimmte Kirsten zu. Und was tat die Frau?

Sie schnitt ein Brötchen auf, schmierte Butter darauf, und dann kam das ganz Schlimme: Sie fasste eine Scheibe Käse mit der bloßen Hand an, legte sie auf das Brötchen, und um alles noch fürchterlicher zu machen, legte sie ebenfalls barhändig eine Tomaten- und eine Gurkenscheibe darauf. Dieselbe Hand, die an diesem Morgen bestimmt schon Hunderte bakterienverseuchter Geldscheine und Münzen und wer weiß, vielleicht sogar noch ekelerregendere Dinge angefasst hatte, patschte auf dem Käse herum. Kirsten schauderte.

»Macht drei fünfzig«, hatte die Angestellte dann ohne jedes Schuldbewusstsein verlangt, und Kirsten, die von Kindheit an unter Komplexen litt und sich oft nicht traute zu widersprechen, hatte vor lauter Schreck bezahlt, nicht nach Farb- oder Zusatzstoffen gefragt, und was die Sache endgültig zum Alptraum machte: Sie hatte das Brötchen sogar aufgegessen! Den ganzen Tag war ihr danach mulmig gewesen, mit Magenkrämpfen musste sie bestimmt 20-mal aufs Klo rennen, und zwei Nächte lang konnte sie nicht schlafen. Nie wieder würde sie diesen Laden betreten, hatte sie sich geschworen.

Doch die hehren Vorsätze ließen sich schwer durchhalten. Der Bäcker war der einzige auf dem Weg zur S-Bahn-Station, an der Zielhaltestelle gab es nichts außer einem Zigarettenautomaten (alleine der Gedanke daran ließ sie frösteln), und die Betriebskantine war auch keine Alternative, seit sie herausgefunden hatte, dass man dort mit Geschmacksverstärkern kochte, gegen die sie natürlich allergisch war.

Sie war sich nicht sicher, ob dann der Verstärker auch in die Brötchen kam, aber sicher war sicher. Und da ihre morgendliche Toilette viel zu viel Zeit in Anspruch nahm, kam sie einfach nicht dazu, sich selbst ein Frühstück zu bereiten. Sie konnte ja unmöglich vor sieben aufstehen, weil ihr Biorhythmus das gar nicht zuließ (das hatte sie anhand einer Frauenzeitschrift herausgefunden), dann kam die Dusche mit dem Spezialreiniger ohne Alkohol, danach das Mittel gegen eine drohende Neurodermitis (ein Hautarzt hatte ihr einmal gesagt, dass sie die Anlage dazu habe), drohende Austrocknung der Haut (das konnte man ja jetzt überall hören), Überfettung der Poren (so was kommt schneller, als man denkt, sagte sie sich, vor allem wenn man wegen der Austrockung noch nachfettete) sowie eine Spezialbehandlung ihres brüchigen Haares (das hatte ihr schon ihre Mutter als Kind immer eingeprägt, dass man mit solchen Haaren ganz vorsichtig sein musste, wenn man nicht eine schwere Kopfhauterkrankung riskieren wollte).

Sie fragte sich, wie andere Leute eigentlich zurechtkamen, aber die ließen sich wahrscheinlich gehen oder hatten einfach bessere Gene. Die Gene! Das war ihr Hauptproblem. Sie hatte einfach schlechte Anlagen, deshalb musste sie höllisch aufpassen. Ging auch im Frühling nie ohne Schal und Mütze raus, trank keinen Alkohol und aß nur gesund, was schwierig war in diesen Zeiten. Am besten, man isst gar nichts, sagte sie sich immer wieder, aber das ging ja leider nicht.

Obwohl sie es in den letzten zwei Wochen redlich versucht hatte, denn ohne das Vollkornbrötchen am Morgen hatte sie an mehreren Tagen bis zum Abend überhaupt nichts zu essen gesehen, außer vielleicht einem kläglichen Gemüseteller, den sie sich an der eigentlich riesigen Salatbar der Kantine mühselig zusammensuchen musste. Die meisten Angebote waren nämlich schon angemacht, da wusste man nicht, was da wohl alles in die Salatsauce kam, also blieben nur einige trockene Blätter Grünzeug, Paprika, Gurken und Tomaten, obwohl sie sich auch bei denen misstrauisch fragte, ob sie denn wohl sauber gewaschen worden waren.

Erst kürzlich hatte sie von Erregern gelesen, die sich auf rohem, ungewaschenem Gemüse einnisteten, und angesichts ihrer schwachen Abwehrkräfte wäre es dann ja nur eine Frage der Zeit ... Andererseits konnte sie kaum jedes einzelne Paprikastückchen mit einem Taschentuch abwischen, obwohl sie es ernsthaft erwogen hatte, aber dazu reichte die Pausenzeit nicht aus.

Kirsten Pütz, 39 Jahre alt, angestellt als Marketing-Referentin bei der Candy-Group und unverheiratet (von ihrem letzten Freund hatte sie sich leider wegen sehr unhygienischen Verhaltens trennen müssen, es ging um Socken, aber auch um Grundsätze), betrat also erneut die Bäckerei.

Voll Schreck bemerkte sie, dass die gleiche Angestellte wie vor zwei Wochen Dienst schob. Vor ihr waren noch zwei Kunden dran.

Ängstlich spähte Kirsten an der Frau vor ihr vorbei in die Auslage. Drei Vollkornkäsebrötchen lagen da bereit. Kirsten atmete heftig ein. Jetzt war die Frau an der Reihe, eine Endfünfzigerin mit langen, grauen Haaren.

»Ein Gewürzbrot hätte ich gerne und ... von den Käsesemmeln.«

Kirsten stockte der Atem.

»Wie viele?«, fragte die Verkäuferin und schnalzte mit ihrem Kaugummi.

»Zwei.«

Kirsten atmete wieder aus und zog ihre Taschenuhr hervor. Die letzte Armbanduhr hatte bei ihr eine Nickelallergie ausgelöst. Überrascht stellte sie fest, dass ihre S-Bahn gleich kommen würde.

»Wäre das alles?«, fragte die Blonde. Die Grauhaarige nickte und griff in ihre Umhängetasche, um eine Geldbörse hervorzuziehen.

»Ach herrje«, rief sie. »Ich habe ja die Anja vergessen. Packen Sie doch bitte auch die dritte Semmel mit ein.«

Die Verkäuferin nickte finster und grabschte nach dem letzten Käsebrötchen. Kirsten starrte in die Auslage.

»Der Nächste, bitte«, sagte die Blonde. Kirsten starrte immer noch. »Was darf's sein?«, wollte die Verkäuferin mit erhobener Stimme wissen.

»Die Käsebrötchen …«, stammelte Kirsten.

»Aus. Und ich kann jetzt keine neuen machen«, beschied die Frau mit einem Blick auf die Schlange, die sich inzwischen hinter Kirsten gebildet hatte. »Wir haben noch Fleischpflanzerl oder Eierschaum mit Krautsalat.«

Kirsten keuchte. Als gefühlte Vegetarierin kamen die Pflanzerl für sie natürlich nicht in Frage.

»Kraut… was?«, stammelte sie, aber die Verkäuferin fackelte nicht lange und griff nach der Krautsemmel, aus der beim Hochheben jede Menge Flüssigkeit lief, wie Kirsten entsetzt bemerkte.

»Drei fünfzig«, verlangte die Blonde.

Wie in Trance reichte Kirsten ihr die Geldstücke, nahm die stark riechende Tüte entgegen und verließ die Bäckerei.

»Manche Leute haben die Ruhe weg«, zischelte es aus der Schlange, aber das bekam Kirsten nicht mehr mit.

Auf Irrwegen

Das Hauptgebäude von Candy Inc. hatte neun Stockwerke und zwei Untergeschosse. Dazu kam eine schwer abschätzbare Zahl von Rück- und Seitengebäuden.

War es da eigentlich zu viel verlangt, irgendwelche Hinweise anzubringen, fragte sich Harald, als er auf die nackten Plastikknöpfe in der Aufzugkabine blickte. Vorsichtig schaute er über die Schulter zu den beiden Supermodels vom Empfang. Sie waren zu weit weg, um etwas zu sehen, aber er spürte ihre niederträchtigen Blicke.

Welchen Knopf sollte er drücken? Im Grunde war es egal. Harald entschied sich für die 5. Sekunden später öffnete sich die Tür zischend, und Harald blickte in einen endlos scheinenden, tristen Gang. Das fing ja gut an! Harald stieg aus und wandte sich nach links. Hier gab es tatsächlich ein Wegweiser-System, an der Seitenwand hingen gelbe Schilder, darunter standen Zimmernummern.

»Kantine, zentrale Disposition, zentrale Lagerverwaltung, allgemeine Verwaltung, Immobilienverwaltung, … Personalverwaltung!«, las Harald und nickte zufrieden. Ein Glückstreffer. Er ging den Gang entlang, die Nummern waren aufsteigend ab 5100 angeordnet. Ungünstig nur, dass ausschließlich die Nachnamen vermerkt waren, aber keine Abteilungsbezeichnungen. Bei 5620 (»Frau Bräutigam, Herr Michelsen«) war Schluss.

Harald stöhnte und trabte den Gang zurück. Ab dem Fahrstuhl ging es abwärts mit den Zahlen. Obwohl es erst zwanzig vor zehn war, roch es stark nach Mittagessen. Der Gang machte eine scharfe Linksbiegung und endete vor einer Glastür mit der Aufschrift »Candy Club«, was offenbar der Name der Kantine war.

Ratlos schaute sich Harald um. Im Gang konnte er niemanden entdecken. Sollte er in das Restaurant gehen und fragen? Er entschied sich, den Gang wieder zurückzulaufen und bei irgendeinem Büro anzuklopfen.

Aufs Geratewohl entschied er sich für Zimmer 5060 (»Frau Feller, Herr Büschl, Herr Kutzmacher, Herr Schnabel, Herr Zahn«) und klopfte an. Nachdem nichts passierte, wartete er noch einen Moment und öffnete dann die Tür.

Der Raum war ziemlich groß und überraschend hell. Am linken und am rechten Ende saß jeweils ein Mitarbeiter, die übrigen Schreibtische dazwischen waren leer. Der jüngere der beiden, ein Mann mit schütterem Haar und großer Hornbrille, blickte kurz auf, schrie dann aber unvermittelt in seinen Telefonhörer:

»Nein, das habe ich nicht gesagt. Das ist überhaupt nicht hinnehmbar. Was glauben Sie eigentlich, wer Sie sind?«

Der andere Mann starrte mit gesenktem Kopf auf seinen Rechner und schien das Geschreie nicht wahrzunehmen.

Harald beschloss, das Telefonat hinter dem Tresen abzuwarten, der den Arbeitsbereich in der Mitte des Raumes abtrennte.

Der Hornbrillige zeterte weiter: »Ich werde Ihnen jetzt mal was sagen: Sie setzen umgehend durch, dass die Tranchen freigegeben werden. In spätestens 24 Stunden muss das Zeug unterwegs sein, sonst kann ich hier für nichts garantieren. Danke, Wiederhören.« Er knallte den Hörer auf.

»Ja, was?«, fauchte er dann Harald an.

»Entschuldigung, dass ich hier so reinplatze«, sagte Harald kleinlaut. »Aber es ist so, ich habe heute meinen ersten Arbeitstag und soll zur Personalabteilung kommen …«

»Hier ist die Disposition«, unterbrach der Mann barsch.

»Ja, mag sein«, wandte Harald ein.

»Das mag nicht sein, das ist so.«

»Ja, sicher, ich wollte das auch gar nicht bestreiten«, beschwichtigte Harald, zunehmend verunsichert. »Ich habe auch gar nicht … ähm, wissen Sie denn, wo die Personalabteilung ist?«

Der Mann musterte ihn und sagte dann zu seinem Kollegen: »Wir werden hier noch zur Auskunftei, was, Karl?«

Am anderen Ende des Raumes schaute der Angesprochene auf. Er ragte ziemlich riesig hinter seinem Rechner hervor, hatte kurzes, schwarzes Haar und ein grobschlächtiges Gesicht.

»Was sagst du, Klaus?«, wollte der Mann wissen.

»Ach, lass gut sein, Karl. Die Personalabteilung also?« Er kniff sein Gesicht zusammen, wobei er sein rechtes Auge schloss. »Die sind doch letztens umgezogen.«

Harald zuckte mit den Schultern. »Am Aufzug das Schild …«

»Ha, ha, ha«, unterbrach Klaus, ohne die Miene zu verziehen. »Die Schilder können Sie nicht ernst nehmen. So schnell, wie sich hier dauernd alles ändert, kommen die mit den Schildern gar nicht nach.«

»Gut«, erwiderte Harald. »Oder auch nicht gut. Auf jeden Fall muss ich zur Personalabteilung.« Er schaute verstohlen zu der Wanduhr, die jetzt Viertel vor zehn zeigte.

Klaus kratzte sich am Hinterkopf und nahm wieder den Rechtes-Auge-zusammengekniffen-Ausdruck an.

»Ich meine, die wären jetzt eins drunter im Westflügel, oder, Karl?«

Karl blickte auf. »Ich habe nicht zugehört, Klaus. Was ist los?«

»Die Personaler. Die sind doch jetzt im Vierten West?«

Karl guckte nachdenklich. »Nein, ich meine, die sind im Untergeschoss, Südflügel. Da, wo die neuen Büros sind.«

»Völliger Quatsch, da sitzt die Auftragserfassung, du hast wieder mal keine Ahnung.«

»Na, wenn du alles besser weißt, frag mich halt nicht«, brummte Karl und schaute wieder auf seinen Bildschirm.

»Eine Etage runter und dann rüber in den Westflügel«, sagte Klaus mit bestimmter Stimme zu Harald.

»Westflügel?«

»Die geraden Geschosse haben einen Durchgang zum Rückgebäude. Immer zwischen Dienstraum und Damenklo«, antwortete Klaus und rieb sich die Nase.

Harald drehte sich um und öffnete die Bürotür.

»Das ist garantiert falsch«, brummte es aus der anderen Ecke. »Ich würde lieber mal an der Rezeption fragen.«

Harald warf dem Grobschlächtigen einen bösen Blick zu und murmelte: »Im Leben nicht«, bevor er die Tür zuzog.

Etwas ratlos schaute er den langen Gang entlang und lief dann zum Aufzug zurück. Ein Stockwerk drunter wandte er sich wieder nach links und begann den ebenso grauen wie leeren Gang abzulaufen, immer auf der Suche nach dem beschriebenen Durchgang.

»Suchen Sie etwas?«, fragte eine kleine, kugelige Frau mit fröhlicher Stimme, die unvermittelt aus einem Büro getreten war.

»Das Damenklo«, antwortete Harald spontan und sah dann am entsetzten Blick der Dame, dass er sich unglücklich ausgedrückt hatte. »Ich meine, ich will in den Westflügel, und ein Kollege meinte, der Durchgang sei beim Damenklo.«

»Ach so«, antwortete die Kugel, jetzt deutlich distanzierter. »Die Toiletten sind dort vorne, aber da ist kein Durchgang. Die Übergänge sind im 3., 6. und 9. Stock. Und natürlich im Erdgeschoss.«

Harald stöhnte auf.

»Wenn Sie hier weitergehen, kommt ein Aufzug, der hält im sechsten«, riet die Frau, als sie Haralds verzweifelte Miene sah.

Harald murmelte einen Dank und rannte den Gang weiter. Warum kam er nur immer zu spät?

Der Aufzug war mit mindestens 15 Menschen besetzt. Heftiges Protestgrummeln hob an, als Harald sich dennoch hineinschob. Zweimal öffnete sich die Fahrstuhltür wieder, weil jemand in der Lichtschranke stand. Den Blicken der Mitreisenden nach konnte es sich nur um Harald handeln, der wiederum war sich sicher, dass der Grauhaarige links von ihm sein Bein zweimal absichtlich in den Lichtstrahl gehalten hatte, nur um ihn zu kompromittieren.

Als es endlich losging, konnte Harald die Knopfleiste nicht sehen, und auf sein verschämtes »Entschuldigung« reagierte niemand.

Der Aufzug hielt. Es gab ein Handgemenge, weil eine blasse Blonde sich von ganz hinten in der Kabine zur Tür durchkämpfte.

»Machen Sie doch mal Platz«, herrschte ein dürrer Mittfünfziger in einem grüngrauen Anzug Harald an und schob ihn mit erstaunlicher Kraft zur Seite. Harald musste einen Ausfallschritt aus der Kabine machen, die Blonde drängelte sich an ihm vorbei, in diesem Moment schloss die Fahrstuhltür, und Harald stand wieder in einem Gang.

Er hatte keinen blassen Schimmer, in welchem Stockwerk er gelandet war. Seine Armbanduhr zeigte drei vor zehn an.

Hier war deutlich mehr los, als auf den letzten beiden Etagen. Mitarbeiter fegten zwischen Büros hin und her, und kleinere Gruppen von Kollegen bewegten sich vom Fahrstuhl weg.

Gerade kam ein Pulk heftig gestikulierender Frauen auf Harald zu.

Der zögerte nicht lange, stellte sich in den Weg und rief: »Kann mir jemand von Ihnen sagen, wo die Personalabteilung ist?«

Der Trupp hielt an, und Harald schaute in vier grinsende Gesichter.

»Na junger Mann, da kommen Sie am besten mal mit uns mit«, sagte die Älteste. »Wir arbeiten da nämlich zufällig«, ergänzte eine Rothaarige.

Harald hätte die Frau küssen können, aber das wäre vermutlich missverstanden worden. So begnügte er sich mit einem Lächeln und stiefelte dem munteren Quartett hinterher, das zweimal abbog und ihm dann einladend eine Tür mit der Nummer 3300 aufhielt.

Personalterror

»Ich möchte zu Herrn Branse«, sagte Harald hoffnungsvoll in die schnatternde Damencombo hinein.

Offenbar kamen die vier von einer Raucherpause zurück und mussten nun dem Rest des Großraums die neuesten Klatschgeschichten berichten.

Wieder war es die Rothaarige, die Harald weiterhalf. »Herr wer? Ach ... Volkmar! Sind Sie etwa der verschollene Neun-Uhr-Termin?«

»Grützner ist mein Name«, sagte Harald, der sich umgehend unwohl fühlte. »Ich war eigentlich um neun hier, aber dann ...«

»Wir haben Sie überall gesucht«, mischte sich jetzt die Ältere ein. »Hatten Sie die falsche Zeit notiert?«

»Nein«, sagte Harald energisch. »Haben Sie mal am Empfang nach mir gefragt? Die waren da nämlich zu blöd, mich hierherzuschicken. Völlig unfähig, diese ...!«

»Na, na, na«, wiegelte die Frau nun mit kühlerer Stimme ab, »die sind doch wirklich sehr nett, die Mädels. Und die machen keinen leichten Job, was glauben Sie, was man denen inzwischen alles abverlangt?«

»Kann ich jetzt zu Herrn Branse?«, fragte Harald angesäuert. Eine Diskussion mit der Dame über das Model-Duo hatte wohl keinen Sinn.

»Der ist inzwischen weg«, antwortete die Personalerin schnippisch, »nachdem er eine Dreiviertelstunde auf Sie gewartet hatte«, setzte sie hinzu, die Dreiviertelstunde deutlich betonend. »Ein auswärtiger Termin.« Sie drehte sich um und marschierte zu ihrem Platz, während Harald wie ein begossener Pudel im Eingangsbereich stehenblieb.

Harald schaute hilfesuchend umher. Das meinten die nicht ernst, ihn jetzt hier hängen zu lassen. Als er gerade kurz davor war, auf den Schreibtisch der Älteren zuzustürmen und einen Aufstand zu machen, der sich gewaschen hatte, tauchte die Rothaarige wieder auf, die zwischenzeitlich verschwunden war. In den Händen hielt sie zwei Kannen, mit denen sie wohl in die Kaffeeküche marschieren wollte.

Harald fasste sie leicht am Arm, was ihm umgehend einen vernichtenden Blick einbrachte.

»Sie können mich doch nicht so abfertigen«, rief Harald. »Irgendjemand muss sich doch um mich kümmern. Ich weiß ja nicht mal, wo meine Abteilung ist.«

»Tja, ich wäre am ersten Arbeitstag pünktlich«, sagte die Rote schnippisch. »Und wenn Herr Branse nicht da ist, können wir Ihnen auch nicht helfen. Der hat ja die ganzen Unterlagen.«

Harald setzte seinen besten Hundeblick auf, der ihm manchmal in verkorksten Verkaufssituationen geholfen hatte. »Was soll ich denn jetzt machen?«, fragte er zerknirscht.

Offenbar zog die Masche, denn die Miene der Frau entspannte sich.

»Na vielleicht weiß seine Sachbearbeiterin ja Bescheid. Frau Sander, da drüben, Zimmer 3351.«

Harald bedankte sich überschwänglich und lief dann in die angezeigte Richtung.

Harald klopfte. Als keine Reaktion erfolgte, trat er ein. Der Raum war ungefähr acht Quadratmeter groß und fasste gerade mal einen Schrank und einen Schreibtisch, hinter dem eine junge Frau mit dunkler Pagenfrisur und Eulenbrille saß. Sie schaute Harald entgeistert an.

»Sind Sie Frau Sander?«, wollte Harald wissen.

Die wegen der Brille ohnehin schon großen Augen der Frau weiteten sich noch mehr. Sie nickte kaum merklich. Dörte Sander trug einen ausgewaschenen blassgrauen Pullover, der sich kaum von ihrer fahlen Haut absetzte. Ihre rechte Hand krampfte sich um einen Bleistift. Offenbar erwartete sie von Harald irgendeine Grausamkeit.

»Ich war um neun mit Herrn Branse verabredet«, begann Harald eine Erklärung.

»Der ist zu einem auswärtigen Termin«, schoss es aus Dörte heraus, die offenkundig sehr erleichtert war, dass sie den bedrohlichen Eindringling schnell abspeisen konnte. Jedenfalls senkte sie augenblicklich wieder den Blick und studierte aufmerksam ein Blatt Papier, das vor ihr lag.

»Ich weiß, aber ich wurde aufgehalten«, ergänzte Harald. »Und jetzt haben die Kollegen mich zu Ihnen geschickt.«

Verzweifelt blickte Dörte wieder auf. Der Eindringling machte Probleme.

»Ja?«, wisperte sie.

Harald sah sich um, leider gab es in dem Büro außer Dörtes Stuhl keine Sitzgelegenheit. Er zuckte linkisch mit den Schultern und hob die Hände. Dörtes Augen füllten ihre Brille nun komplett aus. »Vielleicht können Sie mir ja weiterhelfen?«, ergänzte Harald langsam.

Dörte starrte ihn an.

»Ich habe hier nämlich heute meinen ersten Arbeitstag.«

»In der Personalabteilung?«, fragte Dörte entsetzt, und ihre Finger verkrampften sich noch mehr um den Bleistift.

Harald verdrehte die Augen. »Mein Gott, nein, hier bei Candy. In der Marketingabteilung. Mein Name ist Harald Grützner.«

»Aber da sind Sie hier falsch«, piepste Dörte. »Hier ist doch Personal.«

Harald konnte es kaum fassen. Tat die Frau nur so dämlich, oder war sie es wirklich?

Er wollte gerade zu einer Erklärung ansetzen, langsam und in einfachen Sätzen, als die Tür aufflog, und ein graumelierter Endvierziger mit Drahtbrille und feinem blauem Anzug hereinstürmte, wobei er Harald wegen der Enge des Raumes fast umrannte. Er roch nach einem teuren Rasierwasser.

War Dörtes Gesichtsfarbe ohnehin schon ungesund blass gewesen, so nahm sie jetzt endgültig die Farbe von Tafelkreide an, mit Ausnahme zweier kreisrunder Flecken auf den Wangen, die dafür wie rotes Ampellicht glühten. Panisch starrte sie den Blaugekleideten an, der sie jedoch ignorierte und stattdessen Harald wild die Hand schüttelte. In seinem Gesicht zeigten sich Dutzende Lachfältchen, als er Harald anstrahlte.

»Sie müssen Grützner sein!«, rief er aus und schüttelte weiter.

Jetzt war es an Harald, sein Gegenüber anzustarren.

»Ah ja, wir kennen uns noch nicht«, dröhnte der Mann. Er hatte eine durchdringende Baritonstimme. »Dr. Katzbach«, ergänzte er dann und schüttelte weiter Haralds Hand, der vor lauter Schreck »Grützner« sagte, obwohl das jetzt eigentlich überflüssig war.

Der Mann schien irgendwie wichtig zu sein, zumindest Dörte verharrte in Angststarre. Harald fiel auf, dass das Papier, das sie jetzt wieder sehr intensiv studierte, auf dem Kopf lag.

»Kommen Sie, kommen Sie«, rief Dr. Katzbach und zerrte Harald am Arm aus der Kammer.

Dörte starrte weiter auf das falsch herum liegende Blatt Papier.

In dem Großraumbüro, in das ihn die Damencombo geführt hatte und in dem ihn vor über einer Stunde auch Herr Branse erwartet hatte, verstummten augenblicklich die Gespräche, als Dr. Katzbach Harald durch den Raum zog. Der Mann nahm das aber offenbar nicht wahr, jedenfalls lächelte er wie ein Politiker in alle Richtungen und winkte auch der älteren Mitarbeiterin zu, die verkniffen zurücklächelte.

Am Ende des Großraums ging ein Gang ab, in den Katzbach einbog, beinahe hätten sie dabei die Rothaarige angerempelt, die mit einer weiteren Kaffeekanne bewaffnet gerade um die Ecke kam. Der Bedarf schien unendlich groß zu sein. Auch sie versuchte ein Grinsen, das grässlich schiefging.

Am Ende des Ganges öffnete Katzbach eine Tür. »Vorzimmer Dr. Katzbach« las Harald, und langsam dämmerte ihm, dass der Mann wohl der Personalchef war.

Eine ausgemergelte Sekretärin nickte dem Gespann zu, aber Katzbach ließ Harald keine Zeit, irgendetwas zu sagen, sondern bugsierte ihn in sein Büro.

»Bringen Sie uns mal zwei Kaffee«, rief er auf der Schwelle jovial zu der Dürren.

Dann schloss er die Tür und wies Harald einen Platz auf dem schweren, schwarzen Ledersofa zu. Er selbst setzte sich auf einen Ledersessel daneben, so nahe, dass seine Knie mit Haralds zusammenstießen. Er roch fürchterlich aus dem Mund.

»Erzählen Sie«, sagte Katzbach.

Harald schaute Katzbach entgeistert an. »Ja, was soll ich …?«, hob er an.

Katzbach lächelte.

»Ich meine …«, sagte Harald.

Katzbach lächelte noch mehr.

»Äh, na ja …«, ergänzte Harald sinnreich.

Katzbachs grinsendes Gesicht war unergründlich.

»Also, ich meine, na ja, eigentlich bin ich Außendienstler«, schloss Harald den Satz nicht eben originell.

»Sehr gut, sehr gut, sehr gut«, fiel ihm Katzbach sofort ins Wort. »Da haben Sie gelernt, was es heißt zu verkaufen. Draußen an der Front!«

Katzbach zeigte auf sein Fenster, durch das man allerdings nur den grauverschleierten Münchner Himmel sah.

»Das wissen doch die meisten hier gar nicht mehr. Für wen wir produzieren. Was der Kunde wirklich will. Was er braucht, wie er tickt.« Katzbach senkte die Stimme und ergänzte verschwörerisch: »Aber wir müssen es wieder lernen, sonst gehen wir unter. Deshalb brauchen wir Leute wie Sie!«

Harald schaute Katzbach an. Sein Atem war die Hölle.

»Nehmen Sie mich«, rief Katzbach enthusiastisch. »Ich habe Pädagogik studiert, in Mannheim.«

Er betonte das Wort Mannheim so, dass Harald gezwungen war, anerkennend zu nicken. Er hatte keine Ahnung, ob es gut war, Pädagogik in Mannheim zu studieren. Er war überhaupt nur ein einziges Mal in seinem Leben in Mannheim gewesen, bei einem Bio-Großhändler. Nicht sehr erfolgreich, wie er sich gerade missmutig erinnerte. Und sein Auto war abgeschleppt worden.

»Aber mir war das nicht genug!« Katzbach schaute Harald verschwörerisch in die Augen, so als ob das unbedingt zwischen ihnen beiden bleiben müsste: »Ich habe deshalb noch zwei Semester Philosophie drangehängt. Wollte es wissen.«

Harald nickte, er verstand nicht, worauf Katzbach hinauswollte. Der schnipste mit den Fingern.

»Dann habe ich einen Master draufgesetzt.« Katzbach keuchte. »Internationales Kulturmanagement. Stuttgart. Bei Professor Dücker! Kennen Sie, oder?«

Harald nickte heftig, obwohl er diesen Namen noch nie in seinem Leben gehört hatte. Er war nach fünf Semestern erfolglosen Architekturstudiums durchs Vorexamen gerasselt und hatte danach die akademische Karriere begraben und lieber als leidlich erfolgreicher Versicherungsvertreter angefangen. Aber das würde er jetzt besser nicht erwähnen.

Katzbach lehnte sich zurück, was Harald erleichtert durchatmen ließ.

»Wir Praktiker müssen zusammenhalten«, fasste Katzbach zusammen und faltete theatralisch die Hände, wobei er seine Handknochen knacken ließ.

Harald zuckte zusammen, er mochte das Geräusch nicht.

»Wussten Sie, dass im Vorstand nur noch Juristen und Betriebswirte sitzen?«, fragte Katzbach verschwörerisch. »Dernbeck war der Letzte aus unserer Riege. Wird immer schwieriger. Das Gefüge verändert sich. Wenn das so weitergeht …« Er machte eine Pause und sah Harald durchdringend an, der nicht anders konnte als angesichts dieser beunruhigenden Aussichten sofort wieder loszunicken.

Ob man ihn in seiner Abteilung schon erwartete, schoss es ihm durch den Kopf.

»Vielleicht hätte ich meinen Hut in den Ring werfen sollen, als Dernbeck in den Ruhestand ging«, setzte Katzbach erneut an.

»Hätten Sie denn Chancen gehabt?«, versuchte sich Harald einzubringen.

»Chancen?«, brüllte Katzbach ungläubig. »Was denken Sie? Die hätten sich die Finger nach mir geleckt! Merken doch selbst, dass es nicht rund läuft.«

»Und wieso …?« Harald rutschte auf dem Sofa hin und her. Das Gespräch gefiel ihm immer weniger. Katzbachs Blick verfinsterte sich, er hob die Arme und drehte seinen Kopf hin und her.

»Ach, Sie sehen doch selbst, was hier los ist. Wer soll denn die ganze Arbeit machen? Den Laden in Schwung halten? Es gibt am Markt keine Personalleiter, die das hier stemmen.«

Harald nickte.

Katzbach beugte sich wieder vor, eine neue Geruchswolke breitete sich aus. Er schürzte die Unterlippe vor, dann zeigte er auf Harald. »Trotzdem müssen wir wachsam sein, verstehen Sie? Müssen zusammenarbeiten. Uns auf dem Laufenden halten und so weiter. Gerade jetzt, wo Sie neu sind. Lohnt sich auch für Sie. Sie haben doch noch was vor in Ihrem

Leben, oder? So einer wie Sie bleibt doch nicht ewig Unterabteilungsleiter! Das sehe ich Ihnen doch an. Aber passen Sie auf, dass Sie nicht an die Falschen geraten, die Kansy-Fraktion oder die ganzen Zuträger von diesem Lohne! Dann könnte ich Ihnen auch nicht mehr helfen.« Katzbach versuchte einen sehr markanten Clint-Eastwood-Blick, der aber irgendwie danebenging.

Harald atmete tief durch. Er verstand immer weniger von Katzbachs Gefasel. Worauf wollte der eigentlich hinaus? Wie einfach war dagegen doch ein Außendienstler-Leben. Produktliste durchgegangen, Terminplaner abgestimmt und dann hinaus auf die Straße, in die Freiheit …

Harald warf einen Blick in das triste Grau vor dem Fenster, und sein Herz zog sich zusammen.

Es klopfte. Die Ausgemergelte schaute durch den Türspalt. »Chef, da …«

In diesem Moment wurde sie auch schon unsanft zur Seite geschoben, die Tür flog nun ganz auf, und eine sehr große, aschblonde Frau mit zornesrotem Gesicht baute sich in Katzbachs Büro auf. Sie starrte erst den Personalchef und dann Harald an.

»Ist das Grützner?«

Katzbach nickte eingeschüchtert.

»Und warum sitzt der hier beim Pläuschchen und nicht in seiner Abteilung?«

Ein unheilvolles Schweigen breitete sich aus. Harald schaute zu Katzbach, aber der hatte seinen Blick abgewendet und interessierte sich urplötzlich für eine Unterlage auf dem Besprechungstisch.

»Herr Grützner, wie schaut's aus, kommen Sie heute noch mal rein? Wir sind hier nicht der Außendienst. Wenn ihr alle so arbeitet, ja dann wundert mich hier gar nichts mehr …«

Harald war aufgestanden und hielt der Frau linkisch seine Hand hin, die sie jedoch geflissentlich übersah.

»Äh, Sie sind wohl …«

»Cordula. Barschke!«, blaffte sie, um dann sogleich wieder zu Beschimpfungen überzugehen. »Was glauben Sie, mache ich hier den ganzen Tag? Meinen Sie, ich kann ständig allen Mitarbeitern hinterherrennen? Mein Tag hat auch nur 24 Stunden. Macht denn hier jeder, was er will? Bis ich Sie überhaupt mal gefunden habe … Das hätte man mir ja mitteilen können, wenn Sie hier in der Personalabteilung gebraucht werden, dann hätte man sich ja darauf einstellen können. Dann muss die Personalabteilung uns das eben bekanntgeben, wenn sie unsere Mitarbeiter einspannt. Das ist doch das Mindeste …«

Jetzt drehte sich Katzbach endlich um, aber nicht, um die hysterische Frau zu maßregeln, wie Harald hoffte.

»Frau Barschke, das muss ich ganz entschieden zurückweisen«, sagte Katzbach. »Ich wusste doch gar nicht, dass Herr Grützner Termine hatte, bitte, Herr Grützner, welchen zeitlichen Spielraum Sie haben, das kann ich ja kaum einschätzen. Obwohl ich mich natürlich gewundert habe, dass Sie gleich an Ihrem ersten Arbeitstag über so großzügige Zeitfenster …«

Harald starrte Katzbach fassungslos an.

Das war ja unglaublich, gerade noch hatte der den väterlichen Unterstützer gemimt, und jetzt fiel er ihm eiskalt in den Rücken, und das alles wegen dieser Kuh. Wer war denn die überhaupt? Doch weiter zum Nachdenken kam er nicht, weil Cordula jetzt ihren Blick und ihren Zeigefinger auf Harald richtete.

»Sie kommen jetzt mit zu Claus-Dieter. Der mag das nämlich gar nicht, wenn seine Mitarbeiter zu spät kommen. Und das gleich am ersten Arbeitstag. Ich meine, wo kommen wir denn da hin, wenn hier jeder macht, was er will, ich habe doch meine Zeit auch nicht gestohlen …«

Harald schaltete auf Durchzug. Offenbar war Cordula die Sekretärin des Marketingleiters, seines Vorgesetzten, und gehörte zu jenem Menschentyp, der sich selbst permanent im Mittelpunkt des Geschehens sieht und das auch unablässig durch ständige Wiederholungen kundtun muss. Ohne zu grüßen verließ er Katzbachs Büro und trottete hinter der weiter vor sich hin schimpfenden Cordula her. Die Ausgemergelte hockte hinter ihrem Schreibtisch und starrte dem Duo hinterher.

»Danke für den Kaffee«, murmelte Harald ironisch, aber das konnte sie nicht hören.

Auch auf dem Gang ging Cordulas Klagelied weiter. Offenkundig rotteten sich jeden Tag in allen Teilen der Welt sämtliche Mitarbeiter der Candy-Gruppe zusammen, um gerade ihr das Leben schwer zu machen, dabei wollte sie doch nur, »dass alles läuft«, wie sie gerade trompetete.

Trotzdem war Harald ein kleines bisschen froh, dass sich Cordula jetzt um ihn kümmerte, denn wie sie mit ihm so durch die Gänge stampfte, mal rechts, mal links abbog und Durchgänge benutzte, die ihm nie aufgefallen wären, wurde Harald klar, dass er an diesem Tag unter keinen Umständen allein den Weg zur Marketingabteilung gefunden hätte. Er würde Wochen brauchen, um sich das alles einzuprägen.

Cordula erwartete offenbar auch nicht, dass Harald etwas sagte, seine Schuld eingestand oder ihr sonst irgendwie Recht gab, zumal jegliche Einwände gegen ihr Klagelied vermutlich fruchtlos geblieben wären, und so folgte Harald ihr zunächst wortlos.

An einem Aufzug mussten sie kurz warten. Cordula schaute Harald von oben bis unten an.

»An meinem ersten Arbeitstag hätte ich mich aber mal vernünftig angezogen«, sagte sie dann naserümpfend.

»Ich war vernünftig angezogen«, brauste Harald auf. »Aber dann kam dieser Platzregen …«

»Ja, ja, um Ausreden seid ihr Burschen nie verlegen«, keifte Cordula sofort wieder los. »Mit dieser Firma geht's bergab. Bei Frank wären Sie gleich wieder heimgegangen.«

»Frank?«

»Claus-Dieters Vorgänger.«

»Wie lange ist der weg?«

»Zwei Wochen.«

»Oh.« Harald wunderte sich, dass Cordula dann mit dem Neuen offenbar schon so vertraut war.

»Was sollen Sie eigentlich hier machen?«, fragte sie mit mäßigem Interesse, während sie in den Aufzug stiegen.

»Ich leite den POS-Verkauf Hochwertige Schokoladen«, antwortete Harald mit einem Anflug von Stolz in der Stimme.

»Das macht doch die Göhmann«, widersprach Cordula.

»Ich hab's schriftlich!«, sagte Harald verdattert.

Cordula gab ein hämisches Gurgeln von sich, dann stiegen sie aus.

Harald schwante nichts Gutes.

Schließlich benutzten sie einen Hinterausgang, liefen über einen tristen Hof auf ein Nebengebäude zu. Der Regen hatte keineswegs nachgelassen, was Cordula zu einigen Bemerkungen über die fehlende Überdachung veranlasste – und den Umstand, dass sie schon seit Jahren darauf hinweise, dass es doch nicht angehen könne, dass sämtliche Marketingmitarbeiter über diesen Hof gingen und dabei nass würden. Und im letzten Winter habe der Hausservice erst nach Tagen den Hof freigeschaufelt. Ob man denn in Moonboots zur Arbeit kommen solle?

Harald zuckte die Achseln und stellte sich Cordula vor, wie sie mit metallfarbenen Moonboots durch den Schnee watschelte und dabei den Wetterdienst beschimpfte. Er musste unwillkürlich grinsen.

»Ach, das finden Sie also komisch, Herr Grützner, ja?«, keifte Cordula ihn sofort an. »Na warten Sie mal, bis der erste Schnee liegt, dann werden Sie es ja selber sehen. Falls Sie dann noch hier arbeiten«, setzte Cordula mit unheilvoller Stimme hinzu.

TEIL 2
Geschlossene Abteilung

Der Schleudersitz

Der amerikanische Wirtschaftswissenschaftler und Begründer der Marketinglehre, Philip Kotler, hat sein Fachgebiet einmal so definiert: *»Marketing ist ein Prozess im Wirtschafts- und Sozialgefüge, durch den Einzelpersonen und Gruppen ihre Bedürfnisse und Wünsche befriedigen, indem sie Produkte und andere Austauschobjekte von Wert erzeugen, anbieten und miteinander tauschen.«*

Der Verkaufsstratege Harald Grützner, der bislang in der wissenschaftlichen Literatur nicht auftaucht, definiert den Marketingprozess beim abendlichen Bier in der Eckkneipe hingegen so: *»Erzähl dem Kunden irgendeinen Scheiß, verkauf ihm möglichst viel von dem Mist, und dann sieh zu, dass du eine ordentliche Provision kassierst.«*

Alois Scharrnagel, Pförtner am Münchner Sitz des Weltkonzerns Global Candy Inc. schließlich fasst das Thema so zusammen: *»Diese Quadratschädel verzapfen aber auch ständig einen neuen Schmarrn.«*

Bislang stehen sich diese Definitionen unversöhnlich gegenüber.

In den 50er Jahren beschäftigte die »Erste Hanauer Süßwarenmanufaktur« 67 Mitarbeiter, davon drei im Verkauf,

14 in der Verwaltung und 50 in der Herstellung ihrer Leckereien. Fünf Jahre lang ging das gut, dann aber entstand durch einen Besitzerwechsel und Ausweitung der Geschäftstätigkeit die weitaus größere »Deutsche Süßwaren GmbH«.

Daraus wurde in den 60ern durch Zukauf die »Vereinte Deutsche Süßwaren GmbH«, durch Abspaltung (1975), Zukauf (1979), Refusion (1980) und Expansion ins benachbarte Ausland (1982–86) die »Europe Sweets Group«, durch abermalige Fusion mit der englischen »Taffy Ltd.« und der Verlegung des steuerlichen Hauptsitzes nach Georgetown/Delaware (1988) zur »Taffy Sweets Inc.«, nach Bestechung eines verantwortlichen Treuhandmitarbeiters die scham- und vor allem kostenlose Einverleibung des ostdeutschen Vorzeigebetriebes »VEB Zuckerwarenkombinat Kurt Kieselang« (1991) sowie durch eine feindliche Übernahme der französisch-kanadischen Kette »Société de Confiserie Générale« dann schließlich 1992 das weltumspannende Süßwarenimperium »Global Candy Inc.«, das wiederum in der Folge mit einer Unzahl von Tochterfirmen den europäischen, amerikanischen und schließlich auch den asiatischen Markt überschwemmte.

Von den augenblicklich 19 867 Mitarbeitern arbeiteten jetzt 402 in der Herstellung, 5118 in der Verwaltung, die restlichen 14 347 jedoch im Vertrieb.

So ändern sich die Zeiten, und aus einer einst verschrobenen Verkaufstruppe war die mächtige Candy-Marketingabteilung entstanden, in welcher die weltweiten Strategien für unzählige Produkte koordiniert und Produktlinien, Variationen von Produktlinien sowie die Differenzierung der Variationen von Produktlinien erdacht und die Vertriebsabteilungen der mittlerweile schier unendlichen Anzahl von Tochterfirmen gesteuert wurden.

Das heißt, der jeweils amtierende Marketingleiter bildete sich ein, diese über Deutschland und die ganze Welt verstreuten Einheiten zu steuern, was seine Position zumindest gefühlt zu einer der wichtigsten im gesamten Unternehmensuniversum machte.

Allein am Hauptsitz waren in seiner Abteilung mehr als 1000 Marketingmitarbeiter angesiedelt, die sich auf neun Hauptmarkenbereiche mit augenblicklich insgesamt 46 Unterabteilungen sowie drei Stabsstellen verteilten.

Über dem Marketingchef stand nur noch der Candy-Vorstand (und für den gläubigen Teil der Belegschaft Gott, für die Übrigen war das personenidentisch).

Spätestens hier begannen die Probleme. Eine ungünstige Fügung in der Firmenpolitik hatte nämlich vor etwa zehn Jahren dazu geführt, dass sowohl der Vertriebs- als auch der Markenvorstand gemeinsam für die Abteilung zuständig waren. Und obwohl die Vorstände seit dieser Zeit bereits mehrfach gewechselt hatten, war noch nie der Zustand eingetreten, dass sich beide Amtsinhaber irgendwie mochten, geschweige denn dieselbe Strategie verfolgten, was zu einem permanenten Stellungskrieg zwischen den Vorstandsbereichen führte, die nach und nach mit immer größeren Stabstellen die Arbeit der Markenverantwortlichen »begleiteten«, also kontrollierten und dabei selbst wiederum zu einer halben Marketingabteilung mutierten, da sie zur »besseren Koordination und Abstimmung« nach und nach auch die Hauptmarkenbereiche personell nachbesetzten.

Natürlich waren diese Vorstandsmitarbeiter selten der gleichen Meinung wie die eigentlich zuständigen Abteilungen, was wiederum zur Folge hatte, dass die Halbwertszeit eines Marketingleiters bei Candy unter einem Vierteljahr lag.

Auf den jeweils »alternativlosen« Abgang des Leiters folgte konsequenterweise regelmäßig der komplette Austausch der Markenverantwortlichen, die ja die nunmehr als völlig falsch erkannte Strategie des Amtsvorgängers unterstützt hatten.

Die Unterabteilungsleiter dagegen konnten meist bleiben, denn bis die Kulturrevolution bei ihnen anzukommen drohte, war bereits der Nachfolger des Marketingleiters gefeuert, und das Spiel begann von vorne.

Einweisung

Claus-Dieter Struck nestelte an seinem Füllfederhalter herum. Seine kleinen, grauen Augen wurden von einer zentimeterdicken Brille verdeckt und huschten nervös zwischen Harald und Cordula hin und her.

»Herr Grützner, also, ja, bitte setzen Sie sich«, sagte Struck fahrig und deutete eine Armbewegung zu einem der beiden Stühle vor seinem Schreibtisch an.

Harald setzte sich und erwartete, dass Cordula den Raum verließ, vielleicht mit dem Auftrag, ihm eine Tasse Kaffee zu besorgen, wie er nach der Enttäuschung bei Katzbach hoffte. Umso erstaunter war er, als Cordula sich auf einen flachen Schrank fläzte und aktiv ins Gespräch einbrachte.

Harald empfand ihr Verhalten als unpassend und hoffte auf ein klärendes Wort von Struck, aber der schien das alles gar nicht wahrzunehmen, vielleicht weil er noch neu war.

»Herr Grützner glaubt, er würde die Schoko-POSler leiten«, trompetete Cordula auch gleich los.

Harald merkte, wie ihm warm wurde. Das fing ja gut an. »Vielleicht kann ich mich erst einmal vorstellen …«, versuchte er, die Situation zu retten, doch Struck winkte unwirsch ab.

»Ich habe Ihre Akte gelesen«, sagte er und richtete den Füllfederhalter parallel zu einer Schreibtischunterlage von »Briegel« aus.

Briegel, die neue Hauptmarke von Candy, war ein gefüllter Schokoriegel, der im englischsprachigen Raum als »Brar« verkauft werden sollte und den es dann bald in zig verschiedenen Geschmacksrichtungen geben würde. Höhepunkt einer augenblicklich noch in Planung befindlichen Kampagne wäre dann der weiße Briegel (»White Brar«), den man dann irgendwann auch als Eiskonfekt oder Brotaufstrich herausbringen würde, wie der bisherige Außendienstler Harald, der seinen Lebensmittelbedarf vorzugsweise an Tankstellen deckte, nur allzu gut wusste.

»Ich glaub, ich brauch 'nen Briegel«, lautete der selten dämliche Claim, unter dem diese kalorientriefende Zucker-Fett-Kombination neuerdings vertrieben wurde.

Harald beschloss, seine Meinung zur Briegel-Werbung lieber nicht zu äußern, obwohl Claus-Dieter wohl kaum für den Spruch verantwortlich sein konnte, wenn er erst zwei Wochen hier war. Aber man wusste ja nie …

»Was sind am Anfang die wichtigsten Aufgaben für mich?«, fragte Harald stattdessen artig. Er hatte noch nie jemanden geleitet, der Gedanke versetzte ihn in leichte Panik.

Struck schaute ihn streng an. Die dicke Brille und die mausgrauen Augen taten ihr Übriges, um Harald ein schlechtes Gefühl zu geben.

»Sie müssen sich erst einmal mit der grundsätzlichen Unternehmensstrategie vertraut machen, Herr Gürtler«, sagte Struck.

»Grützner.«

»Was?«, herrschte Struck ihn an.

»Grützner«, flüsterte Harald.

»Ja, Grützner, sage ich doch. Verstehen Sie, was ich meine? Die Unternehmensziele bestimmen die Bereichsziele. Die Bereichsziele die Markenziele, die Markenziele die Unterabteilungsziele und diese wiederum das Handeln des Einzelnen.« Struck griff zu einem schweren Brieföffner und platzierte ihn im rechten Winkel zu dem Füllfederhalter.

Harald nickte bedächtig. »Aber was läuft denn jetzt konkret im POS-Verkauf?«, warf er dann ein.

Struck nahm die Brille ab und begann sie mit einem Tuch zu säubern. »Sie stellen die falschen Fragen«, sagte er, während er die Gläser prüfte. »Der POS, Point of Sale, ist doch zunächst gar nicht relevant. Wir kommen von der Produktpolitik. Hier werden alle Entscheidungstatbestände zusammengefasst, die sich auf die marktgerechte Gestaltung der vom Unternehmen im Absatzmarkt angebotenen Leistungen beziehen.«

Harald schaute Struck ungläubig an. Er hatte sich das Gespräch irgendwie anders vorgestellt. Vielleicht so: »Wir müssen 15 Prozent über Vorjahr verkaufen. Vorstandsentscheidung! Aber Ihre Leute sind gut, Grützner! Gute Leute! Na ja, Schmitz muss ein bisschen in Schwung kommen, und Weinert wird zu oft krank. Aber Zuckowski und Ludewig, das sind Granaten, Terrier geradezu! Mit denen schaffen Sie das!«

Das wäre eine Ansage nach Haralds Geschmack gewesen, aber es war wohl mehr der Slang der Gebietsleiter, wie Harald ihn vom Außendienst kannte.

Er schaute Struck fragend an. Der schüttelte jedoch den Kopf und sagte: »Ist doch nicht so schwierig.« Er zog einen Block mit Kästchenmuster sowie einen sauber angespitzten Bleistift aus der Schublade seines Schreibtischcontainers und begann, eine Zeichnung anzufertigen, die aus Quadraten, Linien und Pfeilen bestand. »Konsument«, »Produkt«, »Preisbereitschaft«, »Nutzenerwartung« las Harald, dem jetzt schon der Kopf qualmte.

»Die POSler leitet doch die Göhmann«, mischte sich Cordula in das Gespräch ein, die bis dahin gelangweilt in einem Firmenprospekt geblättert hatte.

Nun war Struck irritiert. »Also, jetzt mal langsam, was hat man Ihnen erzählt, Herr Gürtzner?« Gleichzeitig sagte er zu Cordula: »Wer ist Frau Göhmann?«

»Ach, die ist schon seit hundert Jahren hier«, plapperte Cordula los. »Hat immer schlechte Laune und beschwert sich, wenn die Blumen nicht gegossen wurden. Dabei habe ich ihr schon tausendmal gesagt, dass das zentral koordiniert wird und wir das hier gar nicht bestimmen. Aber Frau Göhmann will das nicht akzeptieren ...«

Harald unterließ es diesmal, Struck auf seinen richtigen Namen hinzuweisen, und kramte in seiner Manteltasche nach dem Schriftstück. Etwas verschämt reichte er Struck das durchweichte und zerknickte Papier.

»Wird ihr nicht gefallen, der alten Hexe …«, lästerte Cordula. Struck warf ihr einen scharfen Blick zu.

»Frau Barschke, bitte …«

Cordula reckte sich auf dem Regal und sagte dann mit gespielter Betonung: »Sind wir jetzt wieder beim Sie, Chef?«

Struck ignorierte die Frau und versuchte derweil, das Papier zu entziffern. Sein Ekel vor dem unförmigen Schriftstück war deutlich spürbar. Mehrfach strich er es glatt, wobei er offenbar versuchte, es parallel zu den Rändern der Schreibtischunterlage auszurichten, was aber nicht gelang, weil es sich durch die Feuchtigkeit verzogen hatte.

Harald dachte sehnsüchtig an einen Briegel, vielleicht mit Kokosgeschmack …

»Wir brauchen die Personalübersicht dieser Unterabteilung«, verlangte Struck von Cordula, und als diese keine Anstalten machte, von ihrem Regal runterzukommen, setzte er hinzu: »Sofort.«

Mit einem vernichtenden Blick in Richtung Harald verließ Cordula Strucks Büro. Den Kaffee konnte er wohl abschreiben, sagte sich Harald.

»Wie sind denn die Kollegen so?«, fragte er Struck, um die angespannte Situation zu entschärfen.

Struck legte den Bleistift neben den Füllfederhalter, wobei er peinlichst darauf achtete, dass beide Stifte eine Parallele und ihre unteren Enden eine Flucht bildeten. Er schien verärgert, wobei Harald rätselte, ob es an seiner Frage oder an der Tatsache lag, dass die Schreibgeräte eine unterschiedliche

Länge hatten und sich somit nach oben hin kein einheitlicher Abschluss ergab.

Struck betrachtete die Stifte und sagte halblaut zu der Unterlage: »Natürlich spielen Menschen im Kommunikationsfluss eine wichtige Rolle. Die Kommunikationspolitik wird ja erst durch den Einsatz von Menschen effektiv. Es ist also unbedingt der persönliche Einsatz der jeweiligen Protagonisten notwendig, das steht außer Frage.« Er blickte nicht auf.

Harald schwante langsam, dass der Mann keinen blassen Schimmer hatte, was in seinem Bereich eigentlich geschah. Das waren doch die reinsten Sprechblasen.

»Wie viele Mitarbeiter ...«, versuchte Harald dennoch erneut sein Glück, aber Strucks Blick verhieß nichts Gutes.

»Ich weiß nicht, ob das mit uns gut geht«, sagte er streng. »Sie konzentrieren sich nicht, schweifen ins Detail ab. Es fehlt die Linie! Kommunikationsprozesse müssen immer im Ganzen gedacht werden.«

Harald sackte in sich zusammen und war heilfroh, dass Cordula wieder ins Zimmer trat. Wortlos warf sie Struck den Ausdruck einer Excel-Liste auf den Tisch, die dieser sofort in die richtige Position schob. Dann fuhr er mit dem Finger die Zeilen entlang.

»Hier steht es«, stellte er schließlich fest, »die Leiterstelle ist N.N., es scheint also zu stimmen.« Mit angewidertem Blick schob er das durchweichte Anschreiben in Haralds Richtung und konzentrierte sich weiter auf die Tabelle.

»Schau mal in die Zeile von Dorothea Göhmann, was da bei Funktionsbezeichnung steht«, stichelte Cordula in ätzendem Tonfall.

»Kommissarische Leitung«, las Struck vor. Er runzelte die Stirn und blickte demonstrativ auf seine überdimensionierte Armbanduhr. »Ich habe jetzt einen Termin, Herr Grützler. Frau Barschke wird den Rest der Einweisung übernehmen, ich glaube, die wichtigsten Punkte hatten wir ja …« Er stand auf und reichte dem verdutzten Harald die Hand.

»Äh, ja, Wiedersehen«, stotterte Harald im Aufstehen und wandte sich Richtung Tür.

Cordula blieb sitzen. Als er sie fragend anschaute, sagte sie: »Gehen Sie schon mal vor in mein Büro. Aber nichts anfassen!«

Vor der Tür fiel Harald dann ein, dass er nicht wusste, wo Cordulas Büro überhaupt lag, denn sie hatte ihn direkt zu Struck geschleppt. Cordula war offenbar auch gar nicht direkt die Sekretärin, denn im Vorzimmer von Struck hatten vorhin zwei andere Frauen gesessen, die Harald verdächtig an die beiden Empfangsdamen erinnerten, allerdings in Blond. Jetzt waren die Arbeitsplätze verwaist. Bestimmt nannte sich Cordula »Assistentin«, das war modern.

Eine Assistentin war eine Sekretärin, die nicht zugeben wollte, Sekretärin zu sein. Oder ihr Vorgesetzter fand es zu profan, eine Sekretärin zu haben, Assistentin klang da irgendwie wichtiger, überlegte Harald.

Es wertete im Prinzip auch den Chef auf. Er war für so komplexe Dinge verantwortlich, dass er dafür eine Assistenz benötigte, die ihm zur Hand ging. Wie im Krankenhaus. Der Chefarzt operiert ja auch nicht mit der Krankenschwester, sondern mit einem Assistenzarzt. Und natürlich OP-Schwestern. Er hat ein »Team«.

So war es wohl auch hier, Struck hatte eben zwei Sekretärinnen und eine Assistentin. Oder vielleicht hießen auch die beiden Blonden nicht Sekretärinnen, sondern »Team-Assistentinnen«? Aber wie nannte sich dann Cordula?

Vorsichtig schaute Harald in ein Zimmer, das nach links abzweigte, doch das war nur ein Besprechungsraum. Weiter kam er nicht, weil in diesem Moment Cordula aus Strucks Büro trat.

»Was machen Sie denn da? Sie sollen hier nicht herumspionieren«, fuhr sie ihn sogleich an.

»Ich wusste doch nicht, wo …«, versuchte Harald, sich zu verteidigen, aber er hatte keine Chance.

»Ich frage mich wirklich, was die uns für Personal schicken«, zeterte Cordula, mehr zu sich als zu Harald.

Sie wirbelte auf den Gang hinaus und betrat das Zimmer gegenüber, das fast genauso groß wie das Büro von Struck war. Harald folgte und sah sich um. Cordula stand offenbar auf muskulöse Typen wie den Fensterputzer aus der Cola-Light-Werbung, jedenfalls hingen reihenweise entsprechende Bilder an den Wänden, dazwischen Werbesprüche von Prominenten für diverse Candy-Produkte sowie alte Filmplakate. Es passte nichts zusammen.

Cordula flegelte sich auf ihren Bürostuhl. Da sie nichts sagte, nahm Harald auf einem der drei Besucherstühle Platz und schaute sie erwartungsvoll an.

Was würde er jetzt für einen Kaffee und ein belegtes Brötchen geben, dachte er, notfalls würde er sogar mit einem Briegel vorliebnehmen, sagte er sich. Kein Wunder, er hatte heute Morgen vor Aufregung nichts gegessen.

»Wie geht es denn jetzt weiter?«, fragte er die Assistentin. »Kann mir mal jemand etwas Konkretes sagen? Und wann sehe ich meine Abteilung?«

»Deine Abteilung …«, äffte ihn Cordula nach. »Ich meine, Ihre Abteilung …, ach egal, ich duze dich jetzt einfach, das machen hier alle. Ich bin Cordula«, sagte sie und grinste plötzlich. »Wirst schon sehen, wie das mit deiner Abteilung so ist …«

Harald war über diesen abrupten Wechsel von Cordulas Stimmung vollends verwirrt. »Können Sie, ich meine, kannst du mir irgendetwas über meine Aufgaben sagen? Und wie sind denn die Mitarbeiter?«

»Mitarbeiter, Mitarbeiter …« Cordulas Miene verfinsterte sich wieder. »Na, wie so Leute halt sind. Damit du es gleich weißt: Wer den Kaffee leer trinkt, muss auch neuen machen. Und das schmutzige Geschirr gehört in die Spülmaschine, das ist wirklich nicht zu viel verlangt, in anderen Firmen muss man mit der Hand abwaschen, aber du solltest mal sehen, wie das hier abends aussieht. Das kannst du deinen Leuten gleich mal einbläuen, wenn du Leiter sein willst!«

»Hast du Kekse?«, fragte Harald kläglich.

»Bin ich Mutter Teresa?«, schnalzte Cordula zurück. »Apropos!« Sie schaute demonstrativ auf die Uhr. »Jetzt ist Mittagszeit.«

Haralds Magen machte einen Freudensprung.

»Ich gehe mal los, und du wartest hier«, setzte Cordula hinzu.

»Aber könnte ich nicht …?«

»Magdalena ist heute nicht da, und wer soll denn sonst das Telefon bewachen? Also, mach dich nützlich. Ich bin in

30 Minuten zurück«, rief sie über die Schulter und war – schwupps – verschwunden.

Harald bewegte langsam seinen Unterkiefer wieder nach oben.

Zettelinferno

Nachdem Harald eine Viertelstunde einfach dagesessen und ausgiebig die Polizei in Ingelheim verflucht hatte, welcher er den ganzen Schlamassel seiner festen Überzeugung nach verdankte, sprang plötzlich die Tür auf – und ohne anzuklopfen betrat statt Cordula ein kleiner, gelockter Mann das Vorzimmer.

Harald wollte etwas sagen, aber das überaus merkwürdige Verhalten des Mannes ließ ihn innehalten. Der Bursche war höchstens Anfang 30, etwas untersetzt, hatte dunkelblondes Haar und ein Gesicht wie ein lachender Engel.

Ein pausbäckiger lachender Engel, ergänzte Harald in Gedanken.

Der Mann schaute sich im Raum um, schien ihn jedoch gar nicht wahrzunehmen. Sein Blick verharrte länger auf dem unscheinbaren Plakat zu den Münchner Filmfestspielen des vorvergangenen Jahres, so als würde er es heute zum ersten Mal wahrnehmen, dann lief er um sich selbst kreisend in die Mitte des Raumes, zog ein wenig am Schreibtisch, schaute erst an die Decke, dann aus dem Fenster und schließlich in Haralds Gesicht.

»Oh, hallo«, sagte der Engelmann.

»Hallo«, entgegnete Harald sichtlich konsterniert. »Kann ich irgendwie helfen?«

Der Mann sah Harald an, schien ernsthaft über die Frage nachzudenken, legte seinen Kopf schräg zur Seite und sagte schließlich: »Nein, ich glaube nicht.«

Er schritt den Raum erneut mit seinem kreisenden Gang ab. »Ich kalkuliere gerade dieses Projekt, wissen Sie«, sagte er dann unvermittelt. »Was denken Sie, wie viele Einkaufspassagen gibt es in München?«

»Keine Ahnung«, erwiderte Harald, dem die Sache nicht geheuer war. »Ich bin Harald Grützner«, stellte er sich vor. Und als keine Reaktion seines Gegenübers kam, fügte er »der Neue« hinzu.

Der Mann sah aus dem Fenster, kratzte sich am Hinterkopf, sprang dann unvermittelt in die Mitte des Raumes zurück und sagte: »Ich muss etwas zu schreiben holen, warten Sie hier!«

Er hüpfte aus dem Raum. In der Tür sagte er jedoch: »Oh, hallo«, woraufhin sich ein mehrstöckiger Rollwagen ins Zimmer schob.

Dahinter tauchte eine männliche Gestalt mit schiefer Brille, einem halb verklebten Auge und fettigen schwarzen Haaren auf.

»Arentz?«, fragte die Gestalt.

»Nein, äh, nein …«, antwortete Harald.

Die Gestalt nickte und legte wortlos ein Bündel Briefumschläge auf den Tisch. Dann gab der Mann, auf dessen Rücken sich, wie Harald bemerkte, ein fürchterlicher Buckel abzeichnete, ein zischendes Geräusch von sich, leckte mit seiner Zunge über die Oberlippe, wo sie auf die Ansätze eines schwarzen, stoppeligen Bartes stieß, schaute nochmals zu Harald und zog dann, weitere Zischlaute von sich gebend, den Wagen wieder zurück in den Gang. Die Tür schlug zu.

Die sind alle verrückt, schoss es Harald durch den Kopf. Er musste an eine Kurzgeschichte denken, die er als Jugendlicher gelesen hatte.

Ein junger Mediziner kommt in eine Irrenanstalt, wird vom Direktor mit dem Personal bekannt gemacht, wundert sich aber zunehmend über das seltsame Verhalten der Angestellten. Schließlich stellt sich heraus, dass die Anstaltsinsassen die Macht übernommen haben und das tatsächliche Personal im Keller eingesperrt wurde.

Die Tür klappte erneut, und der Gelockte stand wieder im Raum.

»Wer sind Sie eigentlich?«, fragte Harald misstrauisch.

Der Mann schaute auf seinen Notizblock, beziehungsweise auf einen Satz Haftnotizen, wie Harald konsterniert feststellte.

»Ich, oh …« Er schritt wieder in die Raummitte, drehte sich dann abrupt zu Harald um, lächelte und sagte: »Aribert Weis. Ich mache hier … Controlling. Absatzcontrolling und so Sachen.« Er lachte.

»Und so Sachen«, wiederholte Harald langsam und schaute den Mann unverwandt an.

Aribert strahlte. »Wo waren wir stehengeblieben? Ah ja! Das ist es!« Er schaute aus dem Fenster und machte sich dann eine Notiz auf dem obersten Haftzettel. Seine Schrift war riesig und kippte nach vorn. Da er einen besonders kleinen Block gewählt hatte, passten kaum vier Wörter auf den gelben Zettel.

»Wir sagen mal vierzig, oder was denken Sie?«

»Ich weiß gar nicht, worum es geht«, antwortete Harald reserviert.

»Das macht nichts, dann sind Sie unvoreingenommen«, entgegnete der seltsame Controller. »Ich weiß meist auch nicht, worum es geht.« Er lachte wieder und klebte den ersten Zettel auf Cordulas Schreibtisch.

Auweia, das gibt Ärger, dachte Harald und überlegte, ob sie ihm das in die Schuhe schieben würde. Bestimmt würde sie das tun.

»Wie viele Städte von der Größe Münchens gibt es in Deutschland?«, wollte Aribert nun wissen.

»Es gibt fast keine Städte, die so groß sind«, gab Harald zurück. »Köln vielleicht. Und Berlin und Hamburg, aber die sind größer.«

»Und alle anderen sind kleiner?«, fragte Aribert enttäuscht.

»Ja, Mann«, gab Harald zurück. Die Sache begann zu nerven. »Schauen Sie doch im Internet nach. Da gibt's bestimmt eine Liste der 100 größten Städte oder so was.«

Aribert schaute konzentriert auf den Block. Harald sah, dass er »Internet« auf den obersten Zettel schrieb und ihn dann neben den ersten klebte. »München hat zwei Millionen Einwohner«, überlegte er dann laut.

»Eher eine«, unterbrach Harald.

»Eine?« Das Engelsgesicht schaute Harald fragend an, der tief durchatmete.

»Million.«

»Aha«, nickte Aribert, und notierte die Zahl. »Was meinen Sie, wie groß ist wohl der Einwohnerdurchschnitt der, sagen wir mal, 50 größten Städte?«

»Keine Ahnung, 100 000 vielleicht«, antwortete Harald achselzuckend. »Wozu brauchen Sie das eigentlich?«

»Moment, Moment, Moment!« Aribert schrieb zwei gelbe Zettel voll und klebte sie zu den anderen. »Das ist nur so eine Vorüberlegung.« Er lachte in sich hinein.

In den folgenden Minuten stellte Aribert Harald immer seltsamere Fragen, unter anderem, was er schätze, wie viel Geld ein Durchschnittsarbeitnehmer für sein Mittagessen aufbringe und ob es da zwischen Cottbus und Freiburg wohl Unterschiede gebe, was Harald jedoch nicht wusste.

Schließlich hatte Aribert mindestens zwei Dutzend Haftzettel an Cordulas Schreibtisch angebracht, teilweise standen durchgestrichene Sätze darauf, wirre Pfeile wiesen den Weg durch den Zetteldschungel, allerdings nur, wenn man die Symbole auch zu deuten wusste.

Harald war ganz mulmig zumute, Cordula musste jeden Moment zurück sein.

»Herr Weis, wenn Sie jetzt …«, setzte Harald an.

Aribert setzte wieder sein strahlendes Lächeln auf, drehte eine Pirouette und verließ dann blitzschnell und ohne etwas zu sagen den Raum. Die Zettel blieben auf dem Schreibtisch kleben.

Der Mann ohne Eigenschaften

Wäre Harald in den Genuss gekommen, mit Cordula in die Kantine zu gehen, hätte er vielleicht den ersten seiner Mitarbeiter kennenlernen können. Frank Hartwig stand jedenfalls in der Reihe an Kasse drei, unmittelbar vor Cordula. Wäre hier wenige Augenblicke später ein blutrünstiger Mord begangen worden, und hätte man alle Umstehenden sofort polizeilich vernommen, sie hätten sich an alles Mögliche, aber bestimmt nicht an Frank Hartwig erinnert.

Frank war 43 Jahre alt, im heutigen Sachsen-Anhalt geboren, trug sein straßenköterblondes Haar mit unordentlichem Mittelscheitel und zog sich – vorsichtig ausgedrückt – unauffällig an, meist Jeans und langärmelige T-Shirts in den Modefarben Grau und Beige. Wenn er sprach, was selten geschah, konnte man seine Stimme kaum vernehmen, und niemand hätte sich wenige Minuten später noch entsinnen können, was Frank denn überhaupt gesagt hatte.

Ein Jahr vor der Wende hatte Frank beim VEB Zuckerwarenkombinat »Kurt Kieselang« in Jütrichau bei Zerbst angefangen. Er war dort ursprünglich für die Qualitätskontrolle der Schokoladentafeln (Vollmilch, 7% reiner Kakaoanteil, auf 25% erhöht durch Zugabe von Kakaoersatzstoffen) zuständig. Seine Tätigkeit bestand darin, regelmäßig, also mindestens alle zwei Stunden, zum Transportband zu gehen, der Produktion einige Tafeln zu entnehmen, diese zurück in die winzige Kammer zu bringen, in der das »Qualitätsbüro« untergebracht war, sie dort auf den wackligen, schmucklosen Holztisch zu legen und dann gründlich anzuschauen.

Manchmal war eine Verpackung aufgerissen, dann machte Frank eine Notiz auf einem dafür vorgesehenen Formular und legte den Zettel in den einzigen Ablagekasten, der wiederum auf dem einzigen Regal in dem Raum stand.

Einmal am Tag riss Frank eine Tafel auf und probierte ein

Stück, obwohl er sich nichts aus Schokolade machte. Dann notierte er den Geschmack (»süß, nach Schokolade schmeckend«) in einem wiederum dafür vorgesehenen Buch und schmiss den Rest weg.

Er hätte die Bruchstücke auch den Nachbarjungen in seiner Straße mitbringen können, aber das war gegen die Vorschriften, und Frank wollte kein Aufsehen erregen. Der größte Zwischenfall, an den er sich erinnern konnte, war der Fund einer verknautschten Packung, in welche die Befüllungsmaschine versehentlich zwei Tafeln Schokolade gepresst hatte.

Als im Rahmen einer größeren Wirtschaftsplanänderung die Produktion von Vollmilchschokoladentafeln auf Ersatzstoffbasis an die VEB Süßspeisenwerke Lossau übertragen wurde, wäre Franks Tätigkeit eigentlich weggefallen, aber irgendwie hatte wohl niemand daran gedacht, dass es neben den Arbeitern in der Schokoladenherstellung und -verpackung, die in die Sektion Drops (süß/sauer) versetzt wurden, auch noch einen Qualitätskontrolleur gab.

Auch Frank sagte sicherheitshalber nichts zu seinen Vorgesetzten, die ihn schlicht vergessen hatten, und ging weiterhin jeden Tag in das Büro für Schokoladentafeln-Qualitätskontrolle, wo er mangels einer anderen Beschäftigung die Zeitung las, Kreuzworträtsel löste und hoffte, dass weiterhin niemand etwas merkte.

Fünf Monate später brach die DDR zusammen, und die Treuhandanstalt schickte vier Fünftel der »Kurt Kieselang«-Belegschaft nach Hause.

Frank aber blieb als einer der wenigen von der Entlassungswelle verschont, und zwar nicht wegen seiner vermeintlichen Qualifikation, sondern wegen eines Fehlers: Er war wiederum schlichtweg vergessen worden, da niemand ahnte, dass es in der längst aufgelösten Schokoladenproduktion noch einen Mitarbeiter geben könnte, der daher folgerichtig auch nicht auf der Abwicklungsliste verzeichnet war.

Als dann die Taffy-Group das Werk übernahm, wurde Frank zunächst Taffy- und nach der Umfirmierung dann Candy-Mitarbeiter.

Es gibt Menschen, die behaupten, das Innenleben großer Konzerne habe eine verblüffende Ähnlichkeit mit den Strukturen des real existierenden Sozialismus.

Bräuchte es einen Beweis für diese Ansicht, die Causa Frank Hartwig hätte ihn sicherlich erbracht. Denn auch unter der neuen Eigentümerschaft fiel Frank zunächst nicht weiter auf. Er kontrollierte nach wie vor die nicht vorhandenen Schokoladentafeln, achtete darauf, den schnell wechselnden Werksdirektoren aus dem Westen tunlichst aus dem Weg zu gehen, machte umgehend krank, als seine Kammer auf Anweisung eines aus Ludwigshafen stammenden Interimsmanagers renoviert wurde, nahm danach seine »Tätigkeit« in dem frisch gestrichenen und mit neuesten West-Möbeln vollgestellten Büro wieder auf, absolvierte mehrere Computerkurse, wobei er in die Teilnehmerbögen unscheinbare Berufsbezeichnungen wie »Verwaltungsfachkraft« oder »Mitarbeiter Produktionstechnik« eintrug. Mit Formularen kannte er sich schließlich aus.

Problematisch wurde es erst, als man 1994 die Schließung des Werkes verfügte. Von den verbliebenen 256 Beschäftigten sollten 206 entlassen, die besten 50 jedoch auf die Niederlassungen in Hamburg, Essen, Kassel, Frankfurt und Stuttgart sowie die Candy-Zentrale in München verteilt werden.

Um diese Besten zu ermitteln, wurden den Betroffenen Fragebögen vorgelegt, in denen sie Interessen, Qualifikationen, bisherige Tätigkeiten und ihre Meinung zur Entwicklung des Süßwarenmarktes und ihren Wunscheinsatzort eintragen konnten. Eine spezielle Kommission der Candy-Personalabteilung unter dem gerade frisch gekürten Personalleiter Dr. Karl Katzbach hatte sich dieses innovative »Programm zur Beurteilung der Personalressourcen in von Restrukturierung betroffenen Tochterunternehmen« ausgedacht, das auf modernsten psychologischen Erkenntnisse basierte, wie Katzbach in einer Vorstandspräsentation beteuerte.

Die Auswertung erfolgte computergestützt, die Algorithmen hatte ein Schweizer Team aus Linguisten, Erziehungswissenschaftlern und Psychologen entwickelt, schwärmte der Personalleiter.

Weil er sich nicht entscheiden konnte, kreuzte Frank, der bis dahin noch nie im Westen gewesen war, einfach alle Orte an (das Programm erkannte auf »flexible Persönlichkeit«). Unter dem Stichwort Qualifikation gab er »hohe Qualifikation« an, was das Computerprogramm nicht verarbeiten konnte und daher in »Qualitätssicherung« übersetzte. Gefragt nach seinen Ansichten zur Zukunft der Süßigkeiten-Industrie fiel ihm zunächst nichts ein. Dann erinnerte er sich jedoch an seine Schulabschlussarbeit in Marxismus/Leninismus, die er in Teilen abschrieb, wobei er »Sozialismus« durch »Süßwarenproduktion« und »Partei« durch »Konzern« ersetzte.

Frank schnitt zu seiner eigenen Überraschung mit Höchstpunktzahl ab und erhielt zur Belohnung eine Versetzung als »Referent Qualitätsmanagement« in die Konzernzentrale.

Voller Sorge sah er einem schriftlich angekündigten »Begrüßungsgespräch« mit Katzbach entgegen und konnte schon zwei Tage vorher nicht mehr schlafen.

Eine glückliche Fügung jedoch wollte es so, dass Katzbach, kaum hatte er Frank jovial mit den Worten: »Da ist ja unser Wunderkind aus dem Osten« begrüßt, in eine wichtige Aufsichtsratssitzung gerufen wurde, und Frank ohne ein weiteres Gespräch mit seinem Vorgesetzten in der Unterabteilung Qualitätssicherung beginnen konnte.

Anders als im VEB gab es in dieser Einheit tatsächlich etwas zu tun, unter anderem ging es um Zertifizierungen und Überprüfung von Prozessketten beim Handel mit Kakaobohnen. Schon nach wenigen Tagen, als Frank auf die Frage nach einer ISO-Zertifizierung mit den Worten, er wisse auch nicht, wo diese Isolierung hingekommen sei, antwortete, merkte Gruppenleiter Arndt Schlegl, dass Frank von Tuten und Blasen keine Ahnung hatte.

Aber Schlegl wollte es sich auf keinen Fall mit Katzbach verderben, der ihm Frank ja euphorisch als »High Potential« verkauft hatte. Also beließ er es zunächst dabei, auch als die ersten Beschwerden der Kollegen über Franks Ahnungslosigkeit bei ihm eingingen, gab er Frank allereinfachste Schreibarbeiten und wartete auf die nächste Gelegenheit, Katzbach in der Kantine abzupassen, was ihm eine Woche später auch gelang.

Der »Neue« sei bei ihm völlig unterfordert, sagte Schlegl beiläufig, während er und der Personalchef an der Essenausgabe auf ihr Jägerschnitzel warteten. Frank Hartwig müsse eigentlich dringend eine andere Aufgabe im Konzern übernehmen. Er sei natürlich heilfroh, einen solchen Überflieger an Bord zu haben, aber dennoch plage ihn permanent das schlechte Gewissen gegenüber diesem ausgesprochenen Leistungsträger, den man doch im Grunde mit der Zuweisung solch unangemessener Routinetätigkeiten missbrauche.

Unter normalen Umständen wäre Katzbach jetzt misstrauisch geworden, denn als Kind des Konzerns kannte er die Methode des Weglobens nur zu gut, im internen Jargon sprach man auch vom »Personalverwichteln«.

Doch gerade an diesem Vormittag hatte ihn der neue Marketingleiter – dem man allerbeste Beziehungen zum ebenfalls neuen Markenvorstand nachsagte, der wiederum ein Duzfreund des Vorstandsvorsitzenden sein sollte –, ultimativ und mit einer kaum verhohlenen Drohung, ihn ansonsten bei der Geschäftsleitung anzuschwärzen, aufgefordert, umgehend alle 17 offenen Stellen in der Marketingabteilung zu besetzen. Hintergrund dieses Ansinnens war ein Gerücht, dass der Finanzvorstand wegen der Krise an den Rohstoffmärkten einen Einstellungsstopp plane. Und da sich der Wert eines Abteilungsleiters nun mal nach allgemeiner Überzeugung an seinen Mitarbeiterzahlen bemisst, wollte der neue Marketingchef natürlich mit einer dementsprechend zahlreich ausgestatteten Abteilung dastehen.

Auf dem Weg in die Kantine ging Katzbach schwitzend alle ihm in den Sinn kommenden Möglichkeiten durch, Personal aus anderen, weniger gut zum Vorstand verdrahteten Bereichen abzuziehen, und da kam ihm Schlegls Hinweis auf Frank Hartwig natürlich gerade recht.

So gelangte Frank auf eine offene Stelle in der Marketingabteilung, genauer gesagt in der Unterabteilung 13 (»POS-Verkauf Hochwertige Schokoladenprodukte«).

Keine zwei Wochen später stolperte der Markenvorstand über eine Rotlichtaffäre, und sein konkurrierender Vertriebskollege sägte in der Interimszeit genüsslich den gerade erst bestellten Marketingleiter ab. Dessen Nachfolger kannte natürlich den ganzen Vorgang nicht – und so geriet Frank mal wieder in Vergessenheit.

Begegnung der dritten Art

»Dieser Kantinenpamp wird auch immer schlechter.« Schimpfend betrat Cordula ihr Büro.

Harald warf schwitzend einen Blick auf das Zettelinferno. Hier würde gleich der Blitz einschlagen.

»Hängst du immer noch hier rum?«, fragte Cordula.

Harald schaute sie an. »Ich dachte, ich soll auf das Telefon achten?«

Cordula zuckte mit den Schultern. Ihr Blick fiel auf die Zettelwüste. Harald duckte sich, doch Cordula reagierte gänzlich unerwartet.

»Du hast also schon Ari kennengelernt?«, grinste sie und schob die Zettel zu einem klebrigen Haufen zusammen, den sie dann achtlos in den Papierkorb warf.

»Müssen wir das nicht aufbewahren?«, fragte er heiser. »Er schien irgendetwas Wichtiges berechnen zu wollen.«

»Der weiß morgen nicht mal mehr deinen Namen«, beschied die Assistentin und setzte sich hinter ihren Schreibtisch. »War noch was?«

Harald schluckte. »Da ist Post gekommen und … verdammt, könntest du mich endlich meiner Abteilung vorstellen?«

»Herzchen, das ist keine Abteilung, sondern eine Unterabteilung.« Sie zog das Wörtchen »Unter« in die Länge. »Und das ist gar nicht meine Post«, setzte sie dann hinzu und schüttelte verärgert den Kopf. »Das kriegen die nie hin. Wer soll bitte Arentz sein?«

Schließlich bequemte sich Cordula dann doch, aufzustehen und Harald an seinen neuen Arbeitsplatz zu begleiten. Wieder ging es kreuz und quer durch Gänge. Das gesamte mehrstöckige Seitengebäude war in der Hand der Marketingabteilung, wie Harald bemerkte. Die diversen Unterabteilungen waren ohne erkennbare Ordnung ausgeschildert. Im dritten Stock ging es links zu »22 – Marktforschung international«, »37 – Vertriebskoordination« und »06 – Außenwerbung national«, dagegen rechts nach »11 – POS Massenware« und »58 – Markenkommunikation«.

Cordula, die Haralds fragenden Blick sah, lachte zynisch. »Ich bin jetzt seit acht Jahren in diesem Irrenhaus und habe aufgehört zu zählen, wie viele Chefs ich hatte.« Ihre Stimmung konnte offenbar blitzschnell zwischen Kumpel und keifendem Waschweib wechseln. »Und jeder Leiter muss sich natürlich verwirklichen. Erst werden die Bezeichnungen der Unterabteilungen geändert, dann fusioniert die 12 mit der 33 zur 51, dann werden die Mitarbeiter neu verteilt, und weil dann die Räume nicht mehr passen, müssen alle umziehen. Dann werden neue Schilder bestellt, aber da rollt schon längst die nächste Welle, und wenn die Schilder kommen, stimmen die Bezeichnungen nicht mehr.«

Harald stöhnte. »Wie soll ich mich hier jemals zurechtfinden?«

»Keine Ahnung, aber bloß nicht auf die Schilder achten!«

»Die haben alle unterschiedliche Farben ...«, stellte Harald fest.

Cordula verzog die Mundwinkel und warf Harald einen mehr als seltsamen Blick zu. »Das hat sich vor drei Jahren so ein Spinner ausgedacht. Farbleitsysteme.« Cordula schluckte. »Der Typ ist weg, und die Schilder stimmen auch nicht mehr. Sind auch teilweise schon wieder runter.« Ihre Stimme klang heiser, und sie schaute dabei auf den Boden, und Harald schoss durch den Kopf, dass der »Spinner« bei ihr möglicherweise mehr Probleme als ein Farbleitsystem hinterlassen hatte.

Gemeinsam traten sie auf einen kleinen Flur und standen dann vor einer Milchglastür.

»So, hier ist es«, sagte Cordula, jetzt wieder mit ihrer bissigen Stimme. »Das wird eine Party geben ...«

Vier Augenpaare starrten Harald und Cordula an.

»Hallo zusammen!«, rief Cordula in den Großraum hinein. »Das ist Harald Grützner. Euer neuer Leiter.« Sie betonte das Wort Leiter mit geradezu sadistischer Freude.

Vermutlich steht sie auf Fesselspiele, dachte Harald und registrierte dann die allgemeine Fassungslosigkeit, die Cordulas Ankündigung ausgelöst hatte.

»Wieso Leiter, ich dachte, Dorothea ...«, sagte die dunkelblonde Frau am ersten Tisch rechts. Sie klang aufgelöst.

Harald nahm blitzartig wahr, dass vor ihr auf dem Schreibtisch ein Teller mit einem völlig durchweichten Brötchen stand, aus dem eine gelbe Masse tropfte.

»Dorothea hatte hier die kommissarische Leitung. Das ist nun vorbei. Claus-Dieter bedankt sich ausdrücklich für deine tolle Arbeit, Dorothea«, schnalzte Cordula. Es klang nicht wirklich wie ein ernstgemeinter Dank.

»Wer ist Claus-Dieter?«, meldete sich eine Stimme aus der hinteren linken Ecke. Ein bleichgesichtiger Mann mit langen schwarzen Haaren, die zu einem unordentlichen Pferdeschwanz zusammengebunden waren, schaute die Assistentin provozierend an.

»Dein Chef, der Marketingdirektor, du Granate«, antwortete Cordula bissig.

»Ich kann mir die Namen nie merken«, gab der Langhaarige zurück. Und mehr zu sich selbst murmelte er: »Lohnt auch nicht.« Dann zog er seinen Kopf wieder hinter den Bildschirm zurück.

Im Raum roch es unangenehm nach Krautsalat, fand Harald und schaute die Frau an, die Dorothea sein musste. Hinter getönten Brillengläsern konnte man zwei hässliche, starre Augen sehen, die sich unverwandt in Haralds Gesicht bohrten. Harald merkte, wie seine Knie weich wurden. Warum hatte denn bloß niemand die arme Frau vorgewarnt?

»Ich lass euch Süßen dann mal allein«, flötete Cordula und verschwand mit einem gehässigen Blick durch die Milchglastür.

Eisiges Schweigen breitete sich aus.

»Hallo zusammen«, sagte Harald.

Das Schweigen wurde frostig.

»Also, ich bin wie gesagt der Harald Grützner, und ähm …«

Auf dem Pluto musste es jetzt wärmer sein. Seltsamerweise begann Harald entgegen allen Naturgesetzen dennoch zu schwitzen.

»Tja, was soll ich sagen?« Harald ruderte mit den Armen. »Ich denke, wir werden uns alle bald näher kennenlernen.«

»Wir hier kennen uns eigentlich schon ganz gut«, sagte der Ecksitzer.

Harald ruderte stärker. »Ich meine natürlich, also, ich möchte auf jeden Fall jeden von Ihnen einzeln kennenlernen, ich … äh … habe bislang im Außendienst gearbeitet und ja, das ist vielleicht erst einmal alles.«

Warm war das hier. Ihm fiel auf, dass er immer noch seinen verknautschten Mantel trug. Schnell zog er ihn aus und warf ihn über einen niedrigen Tisch vor sich.

»Da kommt doch das Werbematerial drauf«, sagte die Frau mit dem triefenden Brötchen empört.

»Oh, Entschuldigung, haha, na ja, kann ich ja nicht wissen«, antwortete Harald mit einem unsicheren Lächeln und nahm den Mantel wieder in die Hand.

»Einen Vertreter haben die uns geschickt«, sagte die Stimme aus der Ecke.

Dorothea stand auf, wobei sie Harald keinen Moment aus den Augen ließ. Sie schob einige Papiere übereinander, klappte zwei Aufstellbilder mit Katzenfotos zusammen und griff nach einem Gefäß mit Stiften und Büroutensilien, um alles übereinanderzustapeln. Dann ging sie mit den Sachen an einen leeren Tisch rechts hinten.

»Der Leiter sitzt da vorn«, zischte sie und starrte Harald

hasserfüllt an. Doch ihre Augen waren feucht. Erstmals senkte sie den Blick und schaute dann zu dem Mann, der bislang gar nichts gesagt hatte. Er trug einen sichtbar billigen Pullover mit Karomustern, die möglicherweise in den 80er Jahren modern gewesen waren.

»Ist schon gut, Frank«, sagte Dorothea leise.

Der Angesprochene schaute verunsichert zwischen ihr und Harald hin und her, der immer noch den Mantel in der Hand hatte. Harald atmete schwer durch, ging zu seinem neuen Platz und fasste allen Mut zusammen, als er sagte: »Gut, das ist jetzt hier sicherlich für alle überraschend. Tut mir leid, dass unsere Chefs das vorher nicht angekündigt haben.«

»Finde ich auch seltsam, dass sie so etwas Wichtiges vergessen«, ätzte es aus der Ecke.

Harald ließ sich diesmal nicht irritieren. »Am besten, Sie stellen sich jetzt mal der Reihe nach vor. Ich weiß ja sonst gar nicht, mit wem ich es hier zu tun habe.« Harald versuchte ein Lächeln und wendete sich an die Frau mit dem Brötchen. »Und bei Ihnen fangen wir an.«

»Kirsten Pütz«, sagte sie schmallippig und schaute dann verkrampft auf ihren Rechner.

Harald nickte freundlich und sah zu dem Mann mit den Karos.

»Das ist Frank. Frank Hartwig«, mischte sich Dorothea ein.

»Und er selbst kann nicht sprechen?«, versuchte Harald einen Scherz. Dann schoss ihm durch den Kopf, dass das vielleicht wirklich möglich sein könnte, weil der Konzern ja eine Behindertenquote zu erfüllen hatte.

Glücklicherweise gab Frank ein leises »doch, kann ich« von sich. Erleichtert schaute Harald zu Dorothea.

»Sie kennen doch meinen Namen ganz genau«, sagte sie abweisend.

»Schwarzer Peter«, brummte es aus der Ecke. Der Mann war offenbar der Abteilungswitzbold.

»Wer arbeitet an dem freien Platz?«, wollte Harald noch wissen.

Wieder war es der Langhaarige, der sich zu Wort meldete. »Da sitzt Gaby, ob sie dort auch arbeitet, wissen wir nicht.«

Kirsten lachte kurz auf, duckte sich aber sofort, als sie den vernichtenden Blick sah, den Dorothea ihr zuwarf.

Harald setzte sich an seinen neuen Arbeitsplatz und wischte sich den Schweiß aus der Stirn. Den Mantel legte er rechts auf den Tisch, dann starrte er den schwarzen Bildschirm an.

»Weisen Sie uns den Weg, welche Befehle haben Sie für uns, Sir?«, tönte es jetzt aus der Ecke.

»Machen Sie einfach alle mit dem weiter, was Sie gerade getan haben«, murmelte Harald verzweifelt und fragte sich – nicht zum ersten Mal heute –, womit er das eigentlich alles verdient hatte.

Der Verkannte

Peter Schwarz, 44, der sich selbst gerne scherzhaft Schwarzer Peter nannte, wäre beinahe ein berühmter deutscher Intellektueller geworden. So einer, der Literaturpreise abräumt, in Talkshows den nachdenklichen Part übernimmt und dessen Universitätsseminare zur heimlichen Pilgerstätte der Avant-garde zählen. Widrige Umstände, für die Peter wechselweise seine Eltern, das Bildungs- und manchmal auch das Gesellschaftssystem verantwortlich machte, hatten den kometenhaften Aufstieg in den Bildungsolymp bislang verhindert.

Das begann schon in der Schule, als er sich in der mündlichen Deutsch-Abiturprüfung irgendwo zwischen Kant und Hegel verhedderte und in Chemie fast durchgerasselt wäre. Aber hätte Heidegger den Zitronensäurezyklus erklären können?, fragte er sich immer wieder zu seiner eigenen Verteidigung.

Sein Abiturschnitt war also mehr als mäßig, und anstatt sich als Stipendiat einer angesehenen Stiftung an die besten Universitäten Europas zu begeben, um dann mit spätestens Mitte 20 ein erstes, aufsehenerregendes philosophisches Werk zu verfassen, schickte ihn die Zentrale für die Vergabe von Studienplätzen (ZVS) nach Bielefeld, wo er, von der Gesellschaft verkannt, Geschichte und Sozialwissenschaften auf Lehramt studieren musste.

Nach 14 Semestern und dem endgültigen Nichtbestehen einer Lateinprüfung, die man dort lächerlicherweise ablegen musste, beschloss Peter, dass nicht er, sondern die Universität das Problem sei, und kehrte ihr konsequenterweise den Rücken. Nicht zuletzt, um seine Gesellschaftsstudien fortzusetzen, wie er dem über die Jahre deutlich geschrumpften Zuhörerkreis in seiner Stammkneipe »Tummler« erklärte.

Zu diesem Zeitpunkt bestand die Gruppe seiner Bewunderer im Wesentlichen aus Kneipenwirt Timo, der Peter immer mit einem indifferenten Lächeln Recht gab und ihm ein weiteres Bier hinstellte.

Kritische Beobachter wären zu dem Schluss gekommen, dass es sich bei Peters »Gesellschaftsstudien« eigentlich um schlecht bezahlte Aushilfsjobs in Promotionteams handelte, wobei Peter meist in einem Tierkostüm herumlaufen und wechselweise Handy-, Kreditkarten- oder Fitness-Studio-Verträge verscheuern musste.

Das mit den Tierklamotten war erniedrigend, andererseits konnte ihn so wenigstens niemand wiedererkennen.

Und von den verschnörkelten Kinokritiken, die er für namenlose Szeneblättchen verfasste (solche, bei denen die Herausgeber nicht mal die Zeit und Geduld zum Gegenlesen haben), konnte nun mal kein Mensch leben. Es war schon eine Schande, wie seine Mitmenschen seine geistigen Großtaten ignorierten. Andererseits: Mark Twain hatte auch niemand mehr lesen wollen, als der begann, die gesellschaftlichen Missstände aufzudecken, sagte sich Peter bitter.

Dann, an einem verregneten Märztag, hatte ihn das Schicksal in ein Krokodilkostüm gezwungen. Peter wollte – nicht zum ersten Mal – dankend ablehnen, aber man bot 15 Euro die Stunde sowie Verpflegung und Unterbringung in Mittelklassehotels an. Zusammen mit zwei anderen Typen sollte er durch die Fußgängerzonen von 20 deutschen Städten laufen und allen Vorbeikommenden einen Müsli-Riegel der neuen Marke »Schoko-Croc« in die Hand drücken. Der zugehörige Werbespruch lautete: »Schnapp dir einen«, und die Verpackung zeigte einen Comic-Alligator, der in einen Schokoriegel biss.

Peter konnte am ersten Tag der Aktion vor Verachtung gar nicht einschlafen, wobei er rätselte, ob er nun mehr die Schokoladen-Produzenten oder sich selbst hasste.

In München, bei seinem elften Auftritt, trat mitten in der Kaufingerstraße ein Anzugträger auf ihn zu, tätschelte ihm den Rücken, bugsierte ihn in ein Café und fragte ihn nach seinem Lebenslauf aus.

Nach anfänglichem Misstrauen erzählte Peter von seinen akademischen Erfolgen, und als er die begeisterte Reaktion seines Gegenübers sah, ließ er sicherheitshalber den Ort des Geschehens und das schmähliche Ende weg. Der Mann gab sich schließlich überraschend als Personalchef seines aktuellen Auftraggebers zu erkennen und bot ihm noch überraschender eine »herausragende Stelle« im Marketing an, wo man »gerade im Umbruch sei und den einen oder anderen guten Mann suche«.

In einem kurzen Anflug von Realismus sagte sich Peter, dass er mit Anfang 40 nichts mehr zu verlieren hatte, und willigte ein. Die »herausragende Stelle« entpuppte sich schnell als Einsatzleitung für Promotionteams, das hieß, anstatt im Krokodil herumzulaufen, steckte er jetzt andere hinein. Welch eine Verschwendung herausragender menschlicher Intelligenz, seufzte Peter seit nunmehr drei Jahren jeden Morgen, wenn er sein trostloses Vorstadtappartement verließ und sich auf den Weg in das graue Zentralgebäude von Global Candy Inc. machte.

Immerhin war die Bezahlung erträglich, und die selbsternannte Chefin der Abteilung ließ ihn in Ruhe.

Kein Anschluss unter diesem Rechner

Harald schaute weiterhin auf den Bildschirm. Bloß nicht umdrehen, sagte er sich, denn er spürte die acht Augen in seinem Rücken. Vorsichtig bewegte er die Maus. Fast hätte er erschrocken zurückgezuckt, als sich auf dem schwarzen Bildschirm ein blaues Fenster öffnete und ihn nach seinem Passwort fragte. Jetzt war guter Rat teuer. Niemand hatte ihn eingewiesen, niemand war auf sein Kommen vorbereitet.

Jemand trat von hinten an ihn heran, vorsichtig schaute Harald zur Seite. Es war Peter.

»Gib doch mal als Benutzernamen ›Wboeckering‹ ein.« Er schaute ausdruckslos.

»Und das Passwort?«, fragte Harald.

Peter verzog das bleiche Gesicht. Er schien zu überlegen. Dann rief er: »Knallfrosch13« und grinste ein wenig.

Harald tat wie ihm geheißen. Die Wirkung war umwerfend. Der Bildschirm leuchtete erst blau, dann lila, schließlich poppte ein grellgelb umrandetes Fenster auf, das immer wieder blinkte. In der Mitte stand in Versalien: »BRUCH DES SICHERHEITSPROTOKOLLS«.

Entrüstet drehte Harald sich um, Peter hatte sich aus dem Staub gemacht und offenbar wieder hinter seinem Rechner verkrochen.

»Herr Schwarz«, rief Harald in leichter Panik, weil sein Computer jetzt auch alarmähnliche Pfeifgeräusche von sich gab. Auf Eingaben reagierte das System nicht mehr, sogar der Ausschaltknopf bewirkte nichts.

Dorothea kam herbeigelaufen. »Was haben Sie nur gemacht?«, keifte sie Harald mit stechendem Blick an. »Das ist hier noch nie vorgekommen.«

Harald wäre am liebsten vor Scham im Boden versunken. »Ich habe doch nur ..., was Herr Schwarz ...«, wimmerte er.

Dorotheas Telefon, das noch an Haralds Platz stand, begann zu klingeln. Gleichzeitig griffen beide zu, aber Harald zog den Kürzeren.

»Göhmann«, meldete sich Dorothea. Ein Wortschwall ergoss sich aus dem Hörer.

Harald versuchte, aus dem undeutlichen Geschrei und Dorotheas Gesichtsausdruck irgendetwas abzuleiten, was ihm nicht gelang.

»Um Gottes willen«, flüsterte sie gerade und schaute Harald halb zornig, halb entsetzt an, dann fügte sie hastig hinzu: »Nein, das war ich nicht. Das muss unser neuer Gruppenleiter, Herr Harald Grützner gewesen sein. Nein, ich weiß nicht, was er sich dabei gedacht hat, ich kenne den Mann ja auch gar nicht.« Sie starrte Harald bösartig an, der mit vor Scham puterrotem Gesicht zurückschaute, obwohl er gar nicht wusste, was man ihm eigentlich zur Last legte.

»Ja, das wird dann wohl besser sein. Da können Sie die Sache direkt mit Herrn Grützner klären«, beschloss Dorothea das Telefonat und legte den Hörer auf, ohne Harald auch nur einen Sekundenbruchteil aus den Augen zu lassen.

»Na, da haben Sie ja einen schönen Schlamassel angerichtet, Herr Grützner«, sagte sie unheilvoll.

Wenige Augenblicke später sprang die Tür auf, und vier Männer drangen in das Büro ein. Ein drahtiger, langer Kerl mit Backenbart und Lederweste kam forsch auf Harald zu, während sich die anderen um seinen Rechner herum aufstellten. Einer von ihnen, klein und schwarzhaarig, warf Harald einen abschätzigen Blick zu und setzte sich dann an seinen immer noch grellgelb blinkenden Monitor.

»Können Sie uns bitte mal erklären, was Sie hier eigentlich machen?«, schnauzte der Backenbärtige und blickte Harald unverwandt an.

»Ich, ich … ich hatte doch nur …«, startete dieser den kläglichen Versuch einer Erklärung, was schwierig genug war, weil er selbst gar nicht genau wusste, was eigentlich los war.

»Zeigen Sie mal Ihren Ausweis«, unterbrach der Mann Haralds Gestammel.

Harald rutschte das Herz in die Hose, er begann in seinem Jackett herumzufummeln, zog eine Brieftasche hervor und schüttelte verzweifelt den Kopf.

»Ich habe meinen Personalausweis zu Hause liegen«, sagte er kleinlaut. »Reicht Ihnen vielleicht …« Noch während er den Satz aussprach, erinnerte sich Harald eiskalt daran, dass der Führerschein, den er gerade hatte anbieten wollte, auf der blöden Polizeiwache lag. »Reicht meine Videothekskarte?«, fragte er kleinlaut.

»Ein Scherzbold, der Herr«, bellte Backenbart. »Ich will Ihren Firmenausweis sehen.«

»Ich habe noch gar keinen«, gestand Harald.

Der Mann lachte verächtlich und fügte dann mit freudlosem Grinsen hinzu: »Klar, noch haben Sie keinen. Aber bald kommt er bestimmt. Wissen Sie schon den Liefertermin?«

Harald sog die Luft an. Der Sarkasmus dieses Lederwestenträgers machte ihn wütend. »Hören Sie, ich weiß nicht, wer Sie sind, aber es gibt keinen Grund, sich hier so aufzuführen«, ging er jetzt in die Offensive. »Vielleicht stellen Sie sich erst einmal vor, und dann sehen wir, was das Problem ist und wie man es lösen kann.« Das war ein Satz aus dem Kurs »Deeskalationsstrategien für Außendienstler«, den Harald kürzlich besucht hatte.

Der Backenbärtige kniff die Augen zusammen und machte einen Augenblick den Eindruck, auf Harald einprügeln zu wollen. Dann sagte er kurz angebunden: »Florian Sedelmeier, Firmensicherheit. Und mit wem habe ich die Ehre?«

Harald begann jetzt wortreich, seine Anwesenheit und den Umstand zu erklären, warum er heute hier und nicht im Besitz eines Firmenpasses war, wobei er auch die beiden Next Topmodels vom Empfang und die seiner Meinung nach völlig unfähige Personalabteilung nicht aussparte.

Schließlich drehte Sedelmeier sich um und brummelte unwirsch zu einem unscheinbaren blonden Mann: »Überprüfen Sie mal das ganze Zeug. Die Personalabteilung soll sich melden. Und rufen Sie beim Marketingleiter an, ob die wirklich diesen … Herrn hier beschäftigen.«

»Meinen Sie den Struck?«, wollte der Blonde wissen.

»Keine Ahnung, wie der gerade heißt. Fragen Sie die Sekretärin, Baschke oder Barschke heißt die …«

Aha, also war Cordula doch die Sekretärin vom Chef, dachte sich Harald.

Der Mann zückte sein Handy und zog sich in Dorotheas Ecke zurück. »Können Sie mir vielleicht mal sagen, was das Ganze eigentlich soll?«, wollte Harald jetzt wissen, der sich langsam fragte, ob man bei Candy neben Schokoriegeln auch Atom-U-Boote baute.

Sedelmeier schaute in die Runde, sein Blick blieb an dem von Peter hängen. »Können Sie die Aussagen von Herrn Grützner bestätigen?«

Peter schaute Sedelmeier mit starrer Miene an: »Wir kennen den Mann nicht.«

Sedelmeier nickte grimmig.

Jetzt mischte sich allerdings Kirsten ein: »Peter …«, zischte sie vorwurfsvoll.

»Wieso?«, schnappte der zurück. »Es stimmt doch, was ich sage, wir kennen den Mann nicht. Ja sicher, er wurde uns vorhin als unser neuer Chef vorgestellt, aber was heißt das hier schon … Außerdem kann man heutzutage einfach keinem mehr trauen.« Er hob die Arme wie ein Priester bei der Segnung, grinste unverschämt und zog dann seinen Kopf hinter den Bildschirm zurück.

Jetzt ließ sich erstmals der schwarzhaarige Mann vernehmen, der sich an Dorotheas Rechner gesetzt und die ganze Zeit daran herumgewerkelt hatte.

Er schaute Sedelmeier an und meinte: »Ich habe endlich das Protokoll. Die Eingabe erfolgte tatsächlich von diesem Rechner aus.«

Sedelmeier schnalzte mit der Zunge und fuhr sich durch den Bart.

»Was denn für eine Eingabe?«, fragte Harald immer verzweifelter. »Ich meine, ja, ich habe versucht, mich an dem Rechner anzumelden. Ist das verboten?«

»Wenn Sie das Log-in des Vorstandsvorsitzenden verwenden, dann ja«, knurrte Sedelmeier.

Jetzt war es heraus.

Zornig stürmte Harald in Peters Ecke und baute sich vor dem Langhaarigen auf. »Das hast du doch extra gemacht, du Arschloch«, brüllte er ihn an.

»Wusste gar nicht, dass wir uns duzen«, blaffte Peter zurück.

»Ich duze alle Typen, die ich verprügel«, schrie Harald außer sich vor Zorn und griff nach einem vor ihm stehenden Locher.

»Hilfe, Mörder«, rief Peter, halb verängstigt, halb belustigt und hielt seine Hände schützend vors Gesicht.

Kirsten kreischte. Die Tür sprang auf. Gleichzeitig betraten Katzbach und Cordula das Zimmer.

Cordula blickte kurz umher und sagte dann stoisch: »Party.«

Katzbach schritt auf Sedelmeier zu, der das erste Mal seit Betreten des Zimmers etwas von seinem Selbstbewusstsein eingebüßt zu haben schien.

»Herr Sedelmeier, was geht hier vor?«, wollte der Personalchef wissen und schaute ratlos umher.

»Wir hatten einen Bruch des Sicherheitsprotokolls«, antwortete Sedelmeier mit etwas zittriger Stimme und nickte dem Schwarzhaarigen am Rechner Beifall heischend zu, der daraufhin müde zurücknickte. »Jemand, das heißt, dieser Herr dort, hat sich mit dem Log-in des Vorstandsvorsitzenden eingeloggt.« Er zeigte auf Harald, der langsam den Arm mit dem Locher senkte.

»Herr Grützner, ich muss mich ja sehr wundern«, sagte Dr. Katzbach.

»Zu meiner Zeit wäre das nicht passiert«, nickte Dorothea – wohlwissend, dass »ihre Zeit« erst eine Stunde zurücklag.

»Das wird Claus-Dieter aber gar nicht gerne hören«, keifte Cordula.

»Falls er noch hier arbeitet«, ergänzte Peter. »Wann hast du ihn das letzte Mal gesehen?« Cordula warf ihm einen ungemütlichen Blick zu.

»Du kannst den Damen und Herren gerne erzählen, von wem der Tipp mit dem Benutzernamen kam«, schrie Harald und zeigte auf Peter Schwarz. »Mir hat doch niemand etwas gesagt. Seit mehreren Stunden irre ich durchs Gebäude, keiner hat mir einen Ausweis gegeben, meine Kollegen wissen gar nichts von mir, und einen Zugang zum Rechner habe ich auch nicht. Und dann kommt dieser Irre hier und meint, versuch's doch mal mit hm hm hm. Und ich Esel mach das dann auch noch.« Harald atmete schwer durch und schlich zu seinem Platz zurück, wo er begann, den matschfarbenen Mantel zu falten.

Irgendwie hatte sein Wutausbruch Eindruck gemacht, Katzbach und Sedelmeier schauten sich jedenfalls einigermaßen schuldbewusst an.

Schließlich sagte Katzbach: »Nun gut, hier scheint wohl einiges schiefgegangen zu sein. Sehen Sie mal zu, meine Herren, dass Grützner in seinen Rechner hineinkommt, aber diesmal ohne den VV, haha. Und wir kümmern uns um einen Ausweis. Den können Sie dann morgen in der Personalabteilung abholen.« Er nickte freundlich in den Raum und verschwand mit würdevollem Blick durch die Milchglastür.

Cordula schaute ihm enttäuscht nach. Als Harald jedoch ansetzte, sie etwas zu fragen, warf sie den Kopf zurück und folgte dem Personalchef, ohne Harald auch nur eines Blickes zu würdigen.

Auch Sedelmeier und die übrigen Männer drehten sich zum Ausgang.

Der Schwarzhaarige flüsterte im Vorbeigehen zu Harald: »Winter, stellvertretender IT-Leiter.«

Dann sah er den Blonden mit dem Handy an und meinte: »Andy, mach du das hier mal klar.«

Die drei Männer verließen den Raum. Andy blickte erst Harald und dann den Rechner ratlos an.

»Wie ist denn deine Kennung?«, fragte Andy, den Harald im Kopf bereits als IT-Praktikanten eingestuft hatte.

»Woher soll ich das denn wissen?«, zischte er zurück. »Das ist doch gerade das Elend.«

»Wahrscheinlich wurde noch gar keine Kennung angelegt«, mutmaßte der Hilfstechniker mit ernstem Blick.

Harald wollte »Blitzmerker« rufen, beschloss aber, lieber den Mund zu halten, er war ja irgendwie abhängig von dem Mann.

Andy hackte stirnrunzelnd auf der Tastatur herum, Fenster erschienen, Zahlenkolonnen und unverständliche Computerbefehle rauschten über den Bildschirm.

»So, jetzt versuchst du es mal mit ›hgruetzner‹ und ›Start‹«, rief Andy schließlich mit einem Unterton in der Stimme, als könne er diesen schnellen Erfolg selbst noch nicht ganz glauben.

Die Skepsis war berechtigt. Harald gab die Kennung und das Passwort ein, und sofort ertönte ein unfreundliches Summen. Auf dem Bildschirm stand: »Error 270. Log-in failed.«

Andy schaute sehr unglücklich und fragte Harald leise, ob er »Start« vielleicht hinten mit »d« geschrieben habe.

Harald schnaubte, und Andy fummelte erneut an der Maschine herum.

Nach zwölf weiteren Error-Meldungen fragte Kirsten plötzlich: »Dauert das noch lange? Ich kann mich gar nicht konzentrieren.« Sie verzog dabei das Gesicht, als ob Haralds Rechner einen scheußlichen Geruch verströmte.

Andy schüttelte nur den Kopf, auf seinen Wangen hatten sich hektische rote Flecken gebildet.

Harald versuchte, die Frau zu ignorieren. Doch durch Kirstens Worte war nun offenbar Dorothea aufgeschreckt worden, die bislang still in der Ecke gesessen und ihre Unterlagen sortiert hatte.

Geräuschlos trat sie neben ihren alten Arbeitsplatz und fragte ungnädig: »An welchem Rechner soll ich eigentlich arbeiten?«

Andy schaute sie fragend an. »Na ja, wenn Herr Grützner jetzt an meinem Rechner sitzt, brauche ich ja wohl einen neuen. Und natürlich ein Telefon.«

»Ist das gar nicht dein Rechner?«, fragte Andy Harald. »Das hättest du mir doch gleich sagen können. Kein Wunder, dass es nicht geht.« Er blickte Harald zornig an und lehnte sich im Bürostuhl zurück.

Harald lief rot an, dafür zeigte sich für einen Sekundenbruchteil die Andeutung eines kalten Lächelns auf Dorotheas Gesicht.

»Herr Grützner hat darauf bestanden, an diesem Tisch zu arbeiten«, schnarrte sie.

Harald fehlten die Worte. Er starrte die Frau nur an.

Dafür wurde Andy jetzt gesprächig. »Das sind immer die Extrawürste, wegen denen wir uns den ganzen Tag abrackern. Und dann heißt es, die IT hat dies verbockt, die IT hat jenes verbockt.«

Er schaute Harald an: »Wieso meldest du das nicht einfach vier Wochen vorher an? Dann stünde jetzt hier ein neuer Rechner. So müssen wir jedes Mal improvisieren, und das ist immer schlecht.«

Harald schüttelte den Kopf. »Ich konnte doch gar nicht … Ach egal. Dann besorgen Sie mir halt eine neue Kiste.«

Andy schüttelte zornig den Kopf, woraufhin auch Dorothea mitschüttelte.

»Kinder, Kinder«, sagte der Techniker und schaltete den Rechner aus, um ihn dann zu Dorotheas Platz zu tragen.

»Geht das nicht ein bisschen leiser?«, fragte Kirsten mit heulendem Unterton.

»Nee, geht's nicht«, beschied Andy, der von Minute zu Minute an Selbstbewusstsein gewann.

Harald warf Kirsten einen ärgerlichen Blick zu, aber sie schaute schon wieder starr auf ihren Bildschirm. Ich möchte mal wissen, was die da überhaupt tut, dachte Harald, der vor Wut immer noch nicht sprechen konnte.

Andy sammelte gerade die Kabel und das Telefon von Haralds Platz und würdigte ihn keines Blickes.

Das reichte jetzt. Harald stampfte durch den Raum zu dem Ecktisch und baute sich vor Andy auf.

»Wann kann ich heute mit einem Computer rechnen?«, fragte er den Praktikanten.

Und als der maulend aufsah, fügte Harald hinzu: »Ich leite diese Unterabteilung.« Beim letzten Satz kreuzte sich sein Blick mit dem von Dorothea.

»Sie sollten das verdammt ernst nehmen«, schnarrte es plötzlich aus der anderen Ecke.

»Sie halten sich da raus, Herr Schwarz«, brüllte Harald und fixierte Andy. »Also wann?«

Irgendetwas musste den IT-Mitarbeiter an dem Auftritt beeindruckt haben, jedenfalls sagte er mit kalter Stimme: »Heute Nachmittag. Falls wir noch eine Maschine vorrätig haben.«

»Es wäre besser für Sie«, donnerte Harald, drehte sich um und marschierte theatralisch zu seinem Platz zurück.

Auf dem Weg wurde ihm allerdings schlagartig bewusst, dass sein Abgang nach wenigen Schritten an einem leeren Tisch enden würde, wo er dann ohne jede Tätigkeit säße. Das würde dann irgendwie wenig respekteinflößend wirken. Spontan beschloss er, das Büro zu verlassen.

An der Milchglastür drehte er sich nochmals um und rief Andy zu: »Ich verlasse mich darauf.«

Dann verschwand er lieber schnell aus dem Büro, um nicht den nächsten Spruch von Peter hören zu müssen.

Mann, hatte er einen Hunger. Kein Frühstück, kein Mittagessen. Es war inzwischen halb drei. Vielleicht bekam man in der Betriebskantine noch eine Mahlzeit.

Zwanzig Minuten später stand Harald tatsächlich vor den Türen des Restaurants. Ein glücklicher Zufall und eine nette Blondine mit Ortskenntnissen hatten es möglich gemacht. An den Rückweg wollte er allerdings noch gar nicht denken.

Die Mittagszeit war um 14 Uhr abgelaufen, wie er einem vergilbten Schild im Eingangsbereich entnehmen konnte, aber an einem Stand nebenan konnte man Kuchen und Kaffeegetränke erwerben.

Gierig griff Harald zu und nahm gleich drei Stücke und ein extra großes Glas Latte macchiato mit.

»Ist das alles für Sie?«, wollte die grauhaarige Kassiererin wissen und nahm ihm den doppelten Preis ab, weil er keinen Firmenausweis hatte und sie seinen Beteuerungen, er bekomme morgen das Dokument, keinerlei Glauben schenkte.

Der Innovator

Der Mann wirkte, als habe er sich verlaufen. Er stakste zwischen den Tischen der weitläufigen Kantinenhalle herum und suchte offenbar einen freien Platz, was wirklich kein Problem darstellte, denn kaum ein Tisch war jetzt noch besetzt.

Komm bloß nicht hierher, dachte Harald, der sich gerade über den Latte macchiato hermachen wollte. Aus dem Augenwinkel hatte er bislang eine junge Frau mit einem unfassbar gut geformten Hinterteil beobachtet, die mit ihrem Tablett an der Kuchen-Kasse gestanden hatte und sich jetzt an der Theke mit Servietten eindeckte.

Harald schaute missmutig zu dem seltsamen Typ hinüber. Ein früherer Kollege hatte ihn einmal über die Selffulfilling-Prophecy durch Opferhaltung belehrt.

Bloß nicht dran denken, dachte Harald. Doch das war sie eben, die Opferfalle. Sie schien leider prompt zu funktionieren, denn der Staksende steuerte mit starrem Blick genau auf Haralds Tisch zu.

»Ist hier noch frei«, fragte eine unangenehm heisere Stimme.

Harald blickte in zwei unstete Augen, die sich über einer Hakennase hinter zwei großen Brillengläsern unruhig hin und her bewegten.

Nein, ich warte auf meinen Chef. Nein, meine Kollegen müssen jeden Moment kommen. Nein, mein Sohn ist heute mit im Betrieb, haha, wo bleibt der Schlingel denn nur … aber hier sind doch auch genug Tische frei!

Andere konnten das. Das waren die Siegertypen, die dann Gebietsleiter wurden. Hay zum Beispiel, der hätte den Hakennasigen einfach frech angelogen. Mit gewinnendem Lächeln und einem scheinbar ehrlich gemeinten Blick des tiefsten Bedauerns.

»Nein, nehmen Sie ruhig Platz«, hörte sich Harald sagen und dabei innerlich verfluchen.

Das war der Grund, warum er jahrelang ein einfacher Außendienstler gewesen und jetzt ein noch viel einfacherer Unterabteilungsleiter bei Candy war. Und die Hays dieser Welt wurden stattdessen Gebietsverkaufsleiter, obwohl sie doch noch gar nicht lange dabei und mindestens fünf Jahre jünger waren.

Harald schaute verzweifelt in eine andere Richtung und biss in den Pflaumenkuchen, während der Staksende an seinem Stuhl herumnestelte, in dessen Seitenstange sich sein abgewetztes Jackett irgendwie verfangen hatte. Haralds Blick suchte die Schöne, die aber leider verschwunden war oder es vorgezogen hatte, unsichtbar zu werden.

Es ruckte. Das war der Stuhl. Und der Tisch, vor den der Stuhl ruckte. Es klirrte. Das wiederum war das Latte-macchiato-Glas, Haralds Latte-macchiato-Glas, das gerade umfiel und dessen Inhalt sich quer über den Tisch bewegte.

»Mein Gott, passen Sie doch auf«, rief Harald unsinnigerweise, denn dafür war es bereits zu spät.

»Das tut mir leid«, murmelte der Starräugige, »das tut mir fürchterlich leid.«

Angelockt vom Scheppern des zerspringenden Glases eilte die Grauhaarige von der Kasse heran, sah erst das Malheur und dann Harald strafend an.

Ich war es nicht, wollte Harald sagen, doch das erschien ihm affig. Er ertrug also den vernichtenden Blick, während die Frau die milchkaffeebraune Flüssigkeit mit einem schmutzigen Wischtuch auf dem Tisch verteilte. Der Hakennasige schaute betreten zu Boden. Jedenfalls nahm Harald das an, er konnte seine Augen ja nicht sehen.

Die Frau verschwand. Eisernes Schweigen breitete sich aus. Hakennase starrte auf den Boden, Harald in die Luft. Wollte der das jetzt so auf sich beruhen lassen? Immerhin war das Glas noch voll gewesen. Da war sie wieder, die Opferhaltung. Andere hätten jetzt was gesagt.

Na, da habe ich noch was gut, konnte Harald Hays Stimme hören. Hay, der Aufschneider. Aber das kam an. Er dagegen konnte jetzt dumm hier herumsitzen, dachte Harald, während sein Blick plötzlich diesen ekligen braunen Fleck auf der fast neuen Hose wahrnahm.

»Soll ich Ihnen ein neues Getränk holen?«, sagte die heisere Stimme. Harald war jetzt so wütend, dass er beinahe geantwortet hätte, Hakennase könne sich sein Getränk sonstwohin schieben. Beinahe hätte er so etwas gesagt.

Er zuckte mit den Achseln. Für den Hakennasigen war das offenbar das Signal, sitzen zu bleiben. Er fixierte Harald mit seinem starren Blick und nuschelte dann mit der heiseren Stimme: »Grandke. Gerd Grandke. Ich arbeite im Innovationsmanagement.«

Harald nickte ungnädig und biss erneut in den Kuchen. Hastig nestelte Grandke an einer kleinen Aktentasche herum, die Harald bislang entgangen war.

»Darf ich fragen, was Sie im Hause machen? Habe Sie hier noch nie nicht gesehen«, raspelte Grandkes Stimme in Flüsterlautstärke.

»POS-Verkauf«, antwortete Harald mit vollem Mund.

»Hervorragend. Ganz hervorragend!«, rief die Reibeisenstimme. »Das hier wird Sie umhauen. Meine Idee!«

Grandke blickte sich um, als erwarte er Werksspione in seinem Rücken. Dann entfaltete er ein speckiges Blatt Papier, auf dem Harald einige Schwarz-Weiß-Zeichnungen von etwas erkennen konnte, das wie Tuben aussah, in denen man Zahnpasta oder Tomatenmark verkaufte.

»Zahnchoci«, keuchte Grandke feierlich. Harald verschluckte sich fast.

»Was?«

»Zahnchoci«, wiederholte der seltsame Mann. »Verstehen Sie nicht? Was hassen alle Kinder? Das Zähneputzen. Und was erzählen ihnen die Ärzte und Ernährungsapostel, hä?«

Harald kaute auf einem Stück Streusel herum und schüttelte den Kopf.

»Na, dass man weniger Süßigkeiten essen und immer Zähne putzen soll!«, rief Grandke unerwartet laut. Die Grauhaarige von der Kasse schaute zu ihnen hinüber. Harald machte eine Handbewegung, um den Mann zu besänftigen.

Doch der war jetzt in Fahrt: »Und jetzt kommt meine Idee!«, rief Grandke. »Eine Schokoladenzahnpasta. Endlich macht das blöde Zähneputzen Spaß.«

Harald schüttelte wieder den Kopf. »Zahnpasta mit Geschmack, aber das gibt's doch schon längst. Ich weiß nicht, ob in Schokolade, aber als Erdbeere oder Himbeere habe ich es schon gesehen.«

»Nein, nein, nein«, widersprach Grandke heftig. »Das ist keine Zahnpasta mit Schokoladengeschmack. Das ist Zahnpasta, die aus Schokolade besteht. Die kann man essen!« Grandke brüllte jetzt trotz seiner heiseren Stimme. »Ich habe schon Berechnungen angestellt.«

Er zog weitere schmutzige Blätter aus der Aktentasche und warf sie auf den Tisch, wo sie an der immer noch nicht getrockneten Kaffee-Milch-Putzwasser-Schicht festklebten.

Jetzt begann Harald sich aufzuregen. »Das ist doch totaler Unfug«, rief er. »Wie stellen Sie sich das denn vor? Sollen die Kinder die Schokoladenpaste mit einer Zahnbürste im Mund verreiben?«

Grandke guckte erst ein wenig irritiert, aber dann nickte er heftig. »Ja, natürlich, das macht denen doch Spaß!«

Harald stierte Grandke kopfschüttelnd an. »Sie wollen allen Ernstes Kinder animieren, sich eine Zuckerpaste auf die Zähne zu schmieren? Mann, das gibt eine Karies-Epidemie. Die Eltern werden uns lynchen.«

Einen Moment lang stockte Grandke, dann murmelte er etwas abgekühlt: »Vielleicht kann man den Zucker weglassen und durch Süßstoff ersetzen. Das sind doch Details.«

Er holte weitere Skizzen und einen Stoß Dokumente aus der Tasche und breitete diese über den inzwischen völlig eingenässten Unterlagen aus. »Sehen Sie hier, ich habe bereits alle denkbaren Probleme mit berücksichtigt. Was halten Sie davon, wenn wir gleich morgen einen Termin in Ihrer Abteilung machen und dann eine Präsentation entwickeln?« Grandke ließ nicht locker.

»Morgen geht nicht«, log Harald. »Wir haben eine …, äh, EDV-Umstellung, da bin ich eng eingebunden.«

»Dann übermorgen«, insistierte Grandke.

»Das ist ein längeres Projekt«, wand sich Harald, »vielleicht nächsten Monat, wenn …«

»Gerd Grandke, hier sind Sie!«, unterbrach plötzlich eine Stimme.

Harald und der Innovationsexperte fuhren gleichzeitig herum. Unbemerkt war ein Mann mit schütterem braunen Haar und dicker Hornbrille an ihren Tisch getreten. Er kam Harald irgendwie bekannt vor.

»Ihre Abteilung sucht Sie. Es ist Post gekommen«, sagte der Hornbrillige und beugte sich verschwörerisch zu Grandke herunter: »Ihr Projekt geht offenbar voran.«

Grandke sprang auf und versuchte, die verklebten Unterlagen zusammenzuraffen.

»Ich hab's gewusst«, murmelte er und stopfte alles achtlos in die Tasche. »Ich hab's gewusst«, wiederholte er, nickte Harald zu und verließ hastig den Tisch, um quer durch die

Halle zum Ausgang zu rennen. Weiter hinten riss er achtlos einen Stuhl um.

Harald schaute den braunhaarigen Mann fragend an, da fiel ihm wieder ein, woher er das Gesicht kannte. Es war der Mann aus dem Büro, in welchem er heute Vormittag nach dem Weg zur Personalabteilung gefragt hatte.

»Klaus Büschl«, sagte er und gab Harald die Hand, während er sich auf den Platz warf, auf dem gerade noch Grandke gesessen hatte.

»Harald Grützner«, murmelte Harald und schaute Büschl fragend an: »Hat er wirklich sein Projekt durch?«

»Keine Ahnung«, sagte Büschl und zog eine Augenbraue belustigt hoch. »Ich wollte Ihnen den Irren nur vom Hals schaffen. Mit dem redet doch kein Mensch hier.« Büschl beugte sich vor und klopfte vor seine Stirn: »Der ist komplett gaga. Was wollte er Ihnen andrehen?«

»Essbare Schokoladenzahnpasta«, antwortete Harald verdattert.

»Nicht schlecht«, nickte Büschl. »Letztens hat er eine Praktikantin aus unserer Abteilung mit Schoko-Meeresfrüchten zugetextet.«

»Gibt's doch schon«, meinte Harald, »mit Nougatschokolade.«

»Sie verstehen nicht ganz«, wieherte Büschl und schlug auf den Tisch. »Der Irre wollte echte Meeresfrüchte mit Schokolade umhüllen. Miesmuscheln in weißer Schokolade, das muss man sich mal vorstellen.«

Harald verzog angeekelt das Gesicht. »Die werden doch schlecht …«, sagte er.

»Ach, versuchen Sie gar nicht, irgendeinen Sinn darin zu

finden«, wehrte Büschl ab. »Und?«, wollte er wissen. »Haben Sie Ihren Weg gefunden? Das waren doch Sie heute Morgen, oder?«

Harald nickte. »Es war aber nicht genau da, wo Sie es vermuteten.«

Büschl lehnte sich zurück und hob die Arme. »Hier ist nie etwas genau so, wie man meint. Willkommen bei Candy.« Er verzog die Mundwinkel und setzte hinzu: »Ich hol uns mal einen Kaffee.«

»Gute Idee«, sagte Harald. »Mit meinem letzten hat dieser Grandke den Tisch geflutet.«

Iren sind menschlich

Auf dem Rückweg verlief sich Harald lediglich drei Mal. Den ersten Teil des Weges hatte er dank einer Beschreibung von Büschl noch gut bewältigt, aber dann bog er falsch ab, landete in einer Sackgasse und fuhr mit dem falschen Aufzug in ein falsches Zwischengeschoss, wo ihm aber schließlich eine Putzfrau weiterhelfen konnte.

Inzwischen war es 16 Uhr 17. Mit einem flauen Gefühl öffnete Harald die Milchglastür.

Die Szene im Büro hatte sich nicht groß verändert, Kirsten stierte in den Rechner, von Peter konnte man nur den Haarschopf sehen, Frank schaute aus dem Fenster. Dagegen war Dorothea verschwunden, wie Harald erleichtert feststellte. Es roch immer noch nach Krautsalat.

Harald sagte zaghaft: »Hallo.«

Das Wörtchen flog durch den Raum, streifte die Rechner der anderen, verfing sich kurz an einem Stehregal, stieg auf zur Decke, stieß dort an und segelte schließlich gemächlich zu Boden, ohne irgendeine Wirkung zu erzielen.

»Können Sie die Tür zumachen? Es zieht schrecklich«, sagte Kirsten und zog dazu ein Gesicht, als wenn ihr gerade der Hurrikan Katrina Hab und Gut, vor allem aber die Gesundheit geraubt hätte.

Kopfschüttelnd schloss Harald die Milchglastür, was er ohnehin vorgehabt hatte.

Dann fiel sein Blick auf seinen Arbeitsplatz, beziehungsweise das, was davon noch zu sehen war. Auf der Schreibtischplatte stand ein Monstrum von Bildröhre, daneben lag ein ebenso gewaltiges hellgraues Blechgehäuse, das offenbar den zugehörigen Rechner beherbergte.

Harald rannte um den Tisch herum. Seinen Mantel hatte jemand zwischen Monitor und Rechner gestopft. Auf dem eigentlichen Bildschirm, der seltsam klein im Vergleich zu dem ihn umgebenden Gehäuse wirkte, klebte ein gelber Zettel.

»Was …«, murmelte Harald.

»Der surrt ganz schrecklich«, maulte Kirsten vom Nachbartisch.

»Summ, summ, summ«, flötete es aus der Ecke. Einen kurzen Moment lang, vorhin in der Kantine im Gespräch mit Büschl, der recht handfest zu sein schien, da hatte Harald ein optimistisches Gefühl gehabt, ein Gefühl, das ihm sagte, dass er diese Herausforderung schon meistern werde. Schneller als ihm lieb war, hatte ihn jedoch der Irrsinn wieder eingeholt.

Harald versuchte, sich zu konzentrieren. Auf dem Zettel

hatte der IT-Lehrling ein neues Passwort notiert, es lautete »Schokolade«.

Wie einfallsreich, dachte Harald und drückte den Einschaltknopf des Monsters. Ein Stöhnen ging durch das Getriebe, dann setzte sich irgendeine Art von Ventilator schnappend in Gang. Flap, flap, flap. Harald warf einen Seitenblick zu Kirsten, die ihn waidwund anstarrte, woraufhin er schnell wieder auf den schwarzen Bildschirm blickte.

Hier tat sich allerdings vorerst nichts, außer dass unten im Display ein weißer Cursor blinkte. Als Harald schließlich aufsprang, um vor den Tisch zu treten, erschien am oberen Bildschirmrand die Zeile »Windows 95 wird gestartet«.

»Das glaube ich jetzt nicht«, murmelte Harald und schaute wie gebannt auf die Schrift. »Aus welchem Jahrhundert stammt denn diese Maschine?«

Unbemerkt, wie es offenbar seine Art war, hatte sich Peter von hinten angeschlichen und schaute belustigt auf das EDV-Desaster. »Wir müssen uns auf die DOS-Ebene begeben«, dozierte er sarkastisch, doch als ob der Rechner auf ihn hören könnte, tat er im nächsten Moment genau das von Peter Vorgeschlagene.

Der Bildschirm wurde blau.

»Soll Windows im abgesicherten Modus gestartet werden?«, fragte eine neue Zeile.

Harald atmete schwer durch, während sich Peter bückte und an der Rückseite des Rechners herumfummelte. »Was machen Sie denn da?«, zischte Harald.

»Ich suche den Anschluss für die Datasette«, antwortete der Langhaarige todernst, und als Harald ihn fragend ansah, ahmte er das pfeifende Geräusch eines Faxgerätes nach.

»Ihre blöden Witze können Sie sich klemmen«, sagte Harald entnervt und ballte eine Faust.

Peter wich zurück, hob abwehrend die Hände und murmelte dann: »Vorsicht, ich gehe zum Sicherheitsrat.« Harald seufzte und griff zu seinem offenbar ebenfalls neu angeschlossenen Telefon. Er war nur noch mäßig verwundert, dass es sich dabei um ein grünes Gerät mit Wählscheibe handelte.

»Fasse dich kurz!«, verlangte ein eingerissener Aufkleber. Ein kaum leserliches Schildchen am Fuß des Telefons trug dagegen die Aufschrift: »IT-Hotline: 5555«. Harald drehte an der Scheibe.

Es rauschte in der Leitung, dann war ein mehrmaliges Klicken zu hören. Schließlich erklang Musik, die jedoch von unendlich weit her zu kommen schien. Man konnte ahnen, dass es sich um eine schmalbrüstige Version von »Autobahn« der Gruppe »Kraftwerk« handelte. Ein Feuerwerk aus Knistern, Kratzen und Pfeifen erklang, dann rauschte es wieder.

»Hallo?«, rief Harald. Ein Freizeichen ertönte, es knackte, dann rauschte es wieder. Fetzen der Musik drangen an sein Ohr, einmal meinte er einen Satz zu hören, der irgendwie spanisch klang.

»IT-Service«, sagte unvermittelt eine männliche Stimme.

Das Rauschen war schlagartig verschwunden.

»Grützner«, sagte Harald. »Ich habe ein Problem mit meinem Rechner. Vielleicht kann der junge Mann – Andy – noch mal kommen.«

Am anderen Ende der Leitung war nichts außer einem Kratzen zu hören, das dafür relativ rhythmisch erfolgte.

»Hallo!«, brüllte Harald und warf den Hörer auf.

»Da braucht man Geduld«, sagte Frank.

Kirsten und Peter schienen ebenso wie Harald erstaunt über dieses Lebenszeichen, jedenfalls schauten sie fasziniert zu dem Mann im karierten Pullover, der angesichts dieser ungewohnten Beachtung rot anlief und zu Boden sah.

»Er hat Recht«, meinte Kirsten. »Das dauert eben.«

Mit steinerner Miene wählte Harald erneut vier Mal die fünf. Diesmal brauchte es mehrere Minuten, bis sich nach Musik, Kratzen und Rauschen der IT-Service meldete, allerdings in weiblicher Ausprägung.

»Bleiben Sie bloß dran!«, rief Harald.

»Ich mache doch gar nichts«, entgegnete die Frau, dann entspann sich ein denkwürdiger Dialog.

»Mein Rechner geht nicht.«

»Das sagen alle.«

»Er geht wirklich nicht. Der Bildschirm ist blau.«

»Kommt vor. Haben Sie mal neu gestartet?«

»Um Gottes willen, ich glaube nicht, dass die Maschine das nochmal schafft.«

»Sehr witzig«, erwiderte die Technikerin und setzte streng hinzu: »Los, Neustart.«

Harald drückte auf den Einschaltknopf. Nichts geschah. Der Bildschirm blieb monochrom.

»Hat keinen Zweck«, klagte Harald dumpf.

»Fährt nicht hoch?«

»Nein, fährt nicht runter.«

»Oh, drücken Sie einfach mal auf den Ausschaltknopf.«

»Habe ich doch längst.«

»Ach deshalb. Macht man ja auch nicht.«

Harald starrte in den Hörer.

»Fragen Sie mal nach der Datasette«, riet Peter aus dem Off.

Harald kniff die Augen zusammen und fasste sich an die Stirn.

»Sagen Sie mir bitte die Systemnummer des Rechners«, verlangte die Telefonstimme.

»Wo steht die denn?«, fragte Harald entmutigt.

»Die kann man unter ›Systemsteuerung, Hardware‹ ... ach stimmt, Sie sind ja gar nicht drin«, fiel der Fachfrau dann ein.

Harald schnaufte.

»Vielleicht hilft die Produkt-ID. Steht manchmal auf der Rückseite des Gehäuses. Da können Sie gleich mal den Stromstecker rausziehen, dann ist der Rechner definitiv runter.«

Harald umrundete den Tisch, zog am Stecker und entdeckte einen silberfarben glänzenden Aufkleber mit einer mindestens 20-stelligen Zahl, die er der Dame durchgab. Im Hintergrund hörte er eine Tastatur klappern, dann war Stille.

»Was soll denn das sein?«, fragte die Frau schließlich. »Diese Anwendungen werden schon seit Jahren nicht mehr unterstützt.«

»Was kann ich dafür, wenn Sie mir hier so eine Schrottmühle hinstellen«, schrie Harald. »Schicken Sie diesen Andy vorbei, er soll irgendwas Anständiges installieren. Und er kann gleich ein Tastentelefon mitbringen.«

»Wer ist Andy?«, fragte die Frau kühl.

»Das weiß ich doch nicht«, schnaubte Harald. »Fragen Sie Ihren Chef, Herrn Winter.«

»Kenne ich auch nicht«, konterte die Telefonstimme. »Bei

Compustar arbeitet weder ein Herr Winter noch irgend so ein Andy.«

»Wieso Compustar? Ich dachte ich bin in der IT-Abteilung …«, stammelte Harald.

»In welcher Firma arbeiten Sie eigentlich«, fragte die Dame gelangweilt.

»Candy«, stöhnte Harald.

»Ist das in Hamburg?«

»Nein, in München.«

»Ach schön, da würde ich auch mal wieder gerne hin.«

»Wieso, wo sind Sie denn?«

»Cork.«

»Was?«

»Cork.«

»Liegt das in Schleswig-Holstein?«

»Nee, in Irland.«

Harald schluckte. »Das heißt, Sie arbeiten gar nicht bei Candy?«, fragte er die Stimme.

»Nee, bei Compustar.«

»Und Compustar ist eine Service-Firma aus Irland?«, wollte er wissen. Das war ja verwirrend.

»Na ja, so kann man es auch sagen«, sagte die Frau mit einem höhnischen Schnauben. »Eigentlich habe ich mal bei einem Kosmetikartikelhersteller in Würzburg gejobbt, im Einkauf. BeauVisage, kennen Sie?«

Harald kannte BeauVisage nicht.

»Na egal«, fuhr die Frau fort. »Dann wurde der Einkauf dichtgemacht, aber weil ich mich immer ganz gut mit Rechnern auskannte, haben die mich als Assistentin in die EDV-Abteilung verklappt. Da habe ich dann aber wieder Einkauf gemacht, Rechner, Tastaturen, Laufwerke, na Sie wissen schon.«

Harald wusste nicht, aber er hielt den Mund.

»Und dann hieß es, wir sollen auch für andere Firmen arbeiten, also habe ich Rechner für Fruttifrucht in Karlsruhe und Drucker für irgend so einen Papiergroßhandel aus Gütersloh bestellt.«

»Und was hat das jetzt mit Irland zu tun?«, fragte Harald etwas ungeduldig und schaute in die Runde.

Kirsten hatte aufgehört zu arbeiten, knabberte an ihren Fingernägeln und beobachtete ihn, Frank und Peter konnte er nicht sehen.

»Kommt ja gleich«, schnalzte die Telefonstimme. »Auf jeden Fall war Beau Visage plötzlich pleite, und wir hatten alle keinen Job mehr. Und dann ist der IT-Leiter auf die glorreiche Idee gekommen, dass wir aus der Abteilung doch so einen Service aufziehen könnten, EDV-Einkauf und Betreuung.«

»Gute Idee«, murmelte Harald und begann wieder an dem Ein- und Ausschalter zu spielen.

»Ja, ganz tolle Idee«, ätzte die Frau. »Zwei Monate lief es ganz gut, dann hieß es, die Preise würden fallen, und wir müssten jetzt Kosten sparen. Und dann kam Wolfgang, das war der Chef, eines Morgens und meinte, wir würden umziehen, in Würzburg wäre es zu teuer. Na gut, dachte ich, müssen wir eben umziehen, nach Tauberbischofsheim oder Schweinfurt oder so. Da hat er erst noch rumgemacht, und dann rückte er raus, dass wir nach Cork ziehen. Cork! Das hatte ich noch nie gehört. Wolfgang ist dann mit einem Atlas angerückt. Schau mal, Anita, das ist direkt am Wasser. Herrliche Seeluft und ein total niedliches Städtchen. Da kannst du

Englisch lernen und tolle Leute treffen, und deine Kollegen sind ja auch da. Und der Hafen, der ist so romantisch. Pah! Ich habe mal nachgeschaut. In dem Hafen hat die Titanic geankert, bevor sie gesunken ist.«

»Warum sind Sie nicht einfach in Würzburg geblieben?«, fragte Harald betroffen.

»Ja, genau, wie dumm von mir«, keifte Anita. »Die Welt hat ja auf mich gewartet. Alle Firmen reißen sich um eine 52-Jährige mit abgebrochener Lehre.« Einen Moment lang kratzte es nur in der Leitung.

»Hallo?«, rief Harald.

»Ja, bloß keine Sorge, ich kümmere mich schon um Ihre Probleme«, kreischte die Frau hysterisch. »Natürlich helfe ich. Wenn der Bildschirm flimmert, weil Sie den falschen Knopf gedrückt haben, wenn Sie zu blöd sind, das Passwort einzugeben, weil die Hochstelltaste noch drin ist, oder wenn die Tastatur komischerweise nicht mehr anspringt, nur weil Sie einen halben Liter Kaffee drübergegossen haben. Noch was? Helfen Sie mir, mein Drucker druckt nicht. Ist denn Papier drin? Nein? Hmm, dann geht's nicht. Ach, da muss man den Stecker in die Steckdose stecken? Das hat mir aber keiner gesagt ...« Ein Schluchzen war zu vernehmen.

»Hallo?«, sagte Harald. Er hatte ein schlechtes Gewissen. Leise setzte er hinzu: »Ist es denn wirklich so schlimm in Irland?«

»Nein, es ist wundervoll«, heulte die Frau. »Der milde Passatwind, die hübschen kleinen Häuser und jeden Tag gesalzene Butter ... Aber ich würde auch gerne mal meine Familie wiedersehen, und von dem Hungerlohn kann man ja nicht mal den Flug bezahlen ...«

»Und Ihr Chef, dieser Wolfgang, kann man mit dem nicht mal …?«

»Ich lach mich tot«, schrie Anita, »den habe ich hier noch kein einziges Mal gesehen. Der sitzt daheim und freut sich über uns Idioten.«

»Wissen Sie was?«, sagte Harald mit sanfter Stimme. »Ich lege jetzt besser auf. Ich bekomme das hier schon alleine hin. Machen Sie mal Schluss für heute, ich glaube nämlich, das tue ich auch.«

Aus dem grünen Hörer drang nur noch Schniefen, als Harald ihn vorsichtig auflegte.

Harald schaute sich erneut um. Seine drei Mitarbeiter hatten genau zugehört und standen bereits fertig angezogen an ihren Plätzen.

»Wir machen dann wohl mal Schluss«, murmelte Harald überflüssigerweise.

Schnell drängelten sich die drei an ihm vorbei durch die Milchglastür.

»Man kann sich den Tod holen, bei dem Wetter«, hörte er Kirsten noch sagen, dann waren sie verschwunden.

Niemand hatte sich von ihm verabschiedet. Harald lehnte sich zurück und schaute auf den als Rechner getarnten Schrotthaufen auf seinem Tisch. Ein Telefonbuch gab es nicht, und die Hotline schaltete offenbar zu einer unbrauchbaren Servicefirma nach Irland.

Sollte er versuchen, die EDV-Abteilung zu Fuß zu erreichen? Er schüttelte den Kopf, stand auf und zog den verknitterten Mantel über. Morgen war auch noch ein Tag.

TEIL 3

In der Falle

Verfolgungsjagd

Auf dem Münchner Ostbahnhof drängten sich die Massen. Es war kurz nach acht, und in der kalten, feuchten Luft mischte sich der typische Bahnsteiggeruch mit den Ausdünstungen der nassen Klamotten von Hunderten Reisenden und denen eines Verkaufsstandes, der mit Käse überbackene Croissants anbot. Aus einem Backofen dampfte unablässig ein penetranter Nebel, dessen Geruch schwach an Erbrochenes erinnerte.

Nach einer fürchterlichen Nacht auf einer durchgelegenen Matratze in seinem Pensionszimmer war Harald in den frühen Morgenstunden endlich eingeschlafen, kam dann natürlich um halb sieben nicht aus den Federn und hatte demzufolge auch nichts gegessen. Ihm war speiübel, und er fror entsetzlich, denn bei der gestrigen Aktion hatte sein Mantel zwei Knöpfe eingebüßt. Eine andere Jacke fand er jedoch nicht, denn die Umzugsspedition hatte sein Zimmer mit den nicht einzulagernden Dingen randvoll gestellt. Irgendetwas musste dabei schiefgegangen sein, denn nun standen ihm zwar Kisten mit alten Schulbüchern, zwei Sätzen Geschirr und Töpfen sowie den Utensilien aus einem abgebrochenen Malkurs zur Verfügung. Im Gegenzug lag dafür jedoch ein Großteil seiner Kleidung in dem Möbellager.

Die richtige S-Bahn fuhr ein, und sofort schob sich ein gewaltiger Mob zu den sich öffnenden Türen. Mit einer zuvor eiligst erstandenen Butterbrezel bewaffnet drängelte sich Harald durch die wogende Masse.

Der Zug war bereits überfüllt, aber mindestens 100 weitere Menschen wollten hinein. Sehnsüchtig warf Harald einen Blick auf die Reisenden hinter den Scheiben, die das Glück gehabt hatten, einen Sitzplatz zu ergattern. Ein mehrmaliges Pfeifen zeigte an, dass die Türen vor ihm wieder zu schließen drohten. Mit letzter Kraft drückte sich Harald in den Einstiegsbereich, wütendes Murmeln und scharfe Blicke begleiteten ihn. Mit einem leisen Rumpeln setzte sich der Zug in Bewegung, und Harald, der nichts zum Festhalten hatte, kippte gegen den Bauch einer sehr streng schauenden, rothaarigen Frau, die verärgert das Gesicht verzog.

»Entschuldigung«, murmelte Harald und sah dann entsetzt, dass er etwas Butter auf ihre braune Wildlederjacke geschmiert hatte. Schnell drehte er sich um und versuchte gleichzeitig, von der Brezel abzubeißen und Abstand von der Frau zu gewinnen.

Die Umstehenden machten keine Anstalten, zur Seite zu gehen, und Harald war nicht gerade schlank. Mit verzerrtem Gesicht presste er sich durch eine Schülergruppe, als er plötzlich drei Meter vor sich einen aufgedunsenen Mann in Jeansjacke sah, der gerade einem vor ihm sitzenden Grauhaarigen eine Fahrkarte in die Hand drückte.

Das Herz rutschte Harald in die Hose. In der Hektik vorhin im Bahnhof hatte er sich zwar noch die Butterbrezel besorgen können, dabei aber ganz vergessen, einen Fahrschein zu lösen, wie ihm jetzt siedend heiß einfiel. Der Beleibte zog einen Ausweis und setzte seinen Weg durch den Waggon fort.

»Fahrkartenkontrolle, bitte die Fahrausweise.«

Abrupt drehte sich Harald um und versuchte, möglichst weit von dem Mann wegzukommen. Warum trugen die eigentlich immer Jeansjacken?

Das Protestmurmeln hob an, Harald war jetzt beim Versuch des Vorwärtskommens nicht mehr zimperlich. Er schob zwei Mädchen mit mehrfarbiger Frisur zur Seite, drückte sich links an der Rothaarigen vorbei, die glücklicherweise noch immer nichts von dem Butterfleck gemerkt hatte.

Hoffentlich kamen aus der anderen Richtung nicht noch weitere Kontrolleure, schoss es Harald durch den Kopf. Er kämpfte sich weiter durch den Gang und erregte dabei den Unwillen weiterer Mitreisender. Die S-Bahn hielt. Sollte er hier rausspringen und eine Karte lösen? Aber dann wäre der Zug weg, und der nächste käme erst in 20 Minuten. Es war nur noch eine Haltestelle. Harald beschloss, weiter mutig zu sein. In diesem Moment traf sich sein Blick mit dem eines blonden Mannes, der sich an einem Haltegriff festhielt.

Andy! Der Praktikant aus der EDV-Abteilung! Harald ruderte mit den Armen und schob die neben ihm Stehenden zur Seite. Worte wie »Frechheit« und »das ist ja wohl die Höhe« drangen an sein Ohr, doch er ließ sich nicht beirren. Jetzt hatte Andy Haralds Absicht bemerkt und versuchte mit panischem Gesichtsausdruck zu flüchten. Harald setzte ihm nach, wobei er einem Herrn im Lodenmantel auf den Fuß trat. Andy, der deutlich kleiner war als Harald, duckte sich jedoch und tauchte in der Menschenmenge unter. Nach kurzer Verfolgungsjagd befand sich Harald am Ende des S-Bahn-

Wagens. Hier ging es nicht mehr weiter, von Andy war keine Spur zu sehen, aber er musste hier irgendwo sein.

Harald ging in die Hocke. Ein kleiner Junge, in dessen Gesichtsfeld Harald überraschend auftauchte, schaute ihn erschrocken an und begann dann zu weinen.

»Was machen Sie denn da mit meinem Kind?«, zeterte seine Mutter. »Das ist ja ein starkes Stück!« Heftiges Gemurmel setzte ein, doch Harald achtete nicht darauf, denn er hatte zwei Turnschuhe unter den Notsitzen entdeckt. In den Schuhen steckten Füße. Harald kroch zwischen zwei älteren Damen hindurch, die entsetzt aufkreischten, dann hatte er auch schon eins der Beine gepackt. Die Butterbrezel fiel in eine dreckige Wasserlache, die sich auf dem Kabinenboden gebildet hatte. Harald fluchte.

»Jetzt machen die ihre Sauereien schon in aller Öffentlichkeit«, keifte eine der Damen.

Andys verschwitzter Kopf kam unter der Bank hervor. »Hallo«, sagte er unschuldig. »Mir muss hier was runtergefallen sein.«

»Fahrkartenkontrolle«, hörte Harald hinter sich eine Stimme. Die S-Bahn bremste.

»Wir sind da«, zischte Harald zu Andy.

Beide krochen nun wieder zurück. Als sie an den Türen angekommen waren, standen beide Männer auf. Alle Umstehenden starrten sie an. Neben der Mutter, die kreidebleich auf Harald zeigte, tauchte jetzt der Jeansjackenmann auf und hob seinen Ausweis in die Luft.

»Der da hat mein Kind belästigt«, schrie die Mutter.

Harald schüttelte heftig den Kopf und schubste Andy aus dem Wagen, dann sprang er hinterher.

»Bleiben Sie stehen«, rief der Kontrolleur empört, doch Harald dachte gar nicht daran.

Auf dem Bahnsteig versuchte Andy erneut zu fliehen, doch Harald legte ihm schnell den Arm um die Schulter.

»Sehr gut, dass ich Sie treffe«, flötete er. »Die Installation gestern …«

Andy schaute Harald sorgenvoll an und versuchte, sich loszuwinden.

»… war kein ganz großer Erfolg.« Harald blickte dem Mann in die Augen und schrie dann unvermittelt los: »Den letzten Scheiß haben Sie mir da hingestellt.«

»Es sollte schnell gehen, und da dachte ich …«, stammelte der Mann.

»Der Rechner ist nicht mal hochgefahren! Wir gehen jetzt direkt zu mir ins Büro, und Sie bringen das in Ordnung«, befahl Harald.

»Ich habe um neun ein Meeting«, winselte Andy, doch ein Blick in Haralds Gesicht ließ ihn verstummen.

Ohne ein weiteres Wort zu wechseln, bewegten sich die beiden Männer auf den Personaleingang von Global Candy Inc. zu.

Immerhin werde ich mich heute nicht verlaufen, dachte Harald selbstzufrieden. Doch für diesen Triumph war es deutlich zu früh. Der Personaleingang war eine unscheinbare Flügeltür an der Seite des gewaltigen Komplexes. Um in das Gebäude zu gelangen, musste man an einer Pförtnerloge vorbei und durch eins von zwei Drehkreuzen gehen. Wie Harald ärgerlich feststellte, öffnete sich das Kreuz aber nur, wenn man den Firmenausweis an ein dafür vorgesehenes Magnetfeld hielt.

Andy hatte seinen bereits gezückt. Schnell versuchte Harald abzuschätzen, ob man auch zu zweit durch das Kreuz kam, aber die Metallstäbe waren zu eng.

Er trat Andy in den Weg. »Sie werden dem Pförtner sagen, dass er mich ruhig durchlassen kann«, befahl Harald dem Praktikanten.

Andy schaute ihn misstrauisch an. »Ich kenne Sie doch gar nicht«, protestierte der junge Mann, doch ein Blick in Haralds Gesicht sagte ihm, dass jetzt nicht die Zeit für Diskussionen war.

»Entschuldigen Sie, dieser Herr hier muss zur IT-Abteilung«, sagte Andy mürrisch zu dem Mann hinter der Glasscheibe.

Der Uniformierte hatte keine Haare mehr. Er schaute über seine Nickelbrille hinweg. »Besucher?«

»Nein, ein Mitarbeiter.«

»Na, dann kann er doch durch die Schranke gehen.«

»Er hat keinen Ausweis.«

»Dann ist er auch kein Mitarbeiter.« Der Mann in Uniform schaute ob dieses logischen Gedankenganges äußerst zufrieden drein.

Andy raufte sich die Haare. Harald atmete tief durch, lehnte sich auf den Vorsprung vor der Scheibe und kroch dann förmlich in die Loge.

»Ich bin seit gestern Mitarbeiter, habe aber noch keinen Ausweis. Der wird auf Anweisung von Dr. Katzbach gerade hergestellt, und ich kann ihn heute abholen«, erklärte er zornig.

»Und im Vatikan ist Muttertag«, knurrte der Pförtner und sah Harald abschätzig an.

»Aber der Mann hier kann das bestätigen, und Sie können auch seinen Chef Herrn Winter anrufen!«

»Welcher Mann?«

Harald fuhr herum. Während er sich den Pförtner vorgeknöpft hatte, war Andy einfach durch das Drehkreuz gegangen. Harald heulte auf. Dann schloss er kurz die Augen und sagte zu dem Pförtner: »War ein Scherz. Ich bin um neun Uhr mit Herrn Winter von der IT verabredet.«

»Sagen Sie das doch gleich«, brummelte der Uniformierte und zückte einen Kugelschreiber. »Name?«

»Harald Grützner.«

»Nachname reicht.« Während Harald versuchte abzuschätzen, ob er Andy noch einholen könnte, malte der Pförtner mit erschreckender Langsamkeit Buchstaben auf ein extrem großes Kärtchen. Dann faltete er das Papier und schob es im Zeitlupentempo in eine Plastikhülle, an der ein Metallclip befestigt war. Harald riss es dem Mann förmlich aus der Hand. Dann drehte er sich um und rannte vor die immer noch geschlossene Schranke.

»Machen Sie schon auf«, brüllte Harald.

»Erst den Ausweis an der Jacke befestigen«, schrie der Pförtner zurück.

Harald warf ihm einen hasserfüllten Blick zu, fummelte dann aber das Schild an seinen Mantel. Es sah affig aus. In riesigen roten Buchstaben stand »BESUCHER« auf der Karte. Darunter hatte der Aufpasser in windschiefer Schrift »Grützler« gekritzelt. Endlich öffnete sich das Drehkreuz, und Harald rannte in den Flur. Er hatte Glück. Vor den Fahrstühlen hatte sich eine Menschentraube gebildet, denn offenbar waren alle Aufzüge bis auf einen defekt. Sofort entdeckte Harald

Andy, der sich immer wieder nervös umsah. Mit einem Satz war er bei dem Mann und packte ihn grob an die Schulter.

»Das haben Sie sich so gedacht«, schrie Harald. »Wir gehen jetzt zu mir, und dann werden Sie diesen verdammten Rechner zum Laufen kriegen!«

»Bei Gott, es ist Dirty Harry! Wir sind verloren«, sagte eine Stimme von rechts. Es war Peter, der ebenfalls auf den Aufzug wartete.

Andy schaute zwischen den beiden hin und her, konnte sich aber nicht so recht entscheiden, ob er sich über das Auftauchen des Spaßvogels freuen sollte. Harald jedenfalls tat es nicht.

»Keine Diskussion«, brummte er, »Sie kommen mit.«

»Sollen wir den Mann in Handschellen legen, Sir?«, wollte Peter wissen.

Harald antwortete nicht.

Dank Peter und Andy gelangten sie in Rekordgeschwindigkeit zur Milchglastür. Harald zählte in Gedanken mit, dass er mindestens fünf Mal anders abgebogen wäre.

»Guten Morgen«, bellte Harald in den Raum hinein.

Dorothea sah kurz auf und schaute dann demonstrativ zur Seite. Kirsten war mit irgendetwas beschäftigt, das in einer Papiertüte feststeckte. Frank sah wie immer aus dem Fenster.

Harald wollte schon mit dem Kopf schütteln, da klang ein glockenhelles »Guten Morgen« von links.

Harald drehte seinen Kopf und sah in ein weibliches Gesicht, das zu einer drallen Blondine gehörte. Sie strahlte Harald an. Hätte sie nicht so seltsame Hasenzähne gehabt, man hätte sie unumwunden als bildhübsch bezeichnen müssen.

Aber auch trotz dieser kleinen Einschränkung war sie eine Augenweide. Eine duftende dazu, sie verströmte ein süßliches Parfüm, als sie Harald die Hand gab.

»Ich bin Gaby«, sagte sie mit einer aufreizenden Mädchenstimme.

Ihre Augen waren stark geschminkt, die Wimpern augenscheinlich verlängert. Ihre Fingernägel waren mit farbigen Ornamenten verziert. Sie trug eine rosafarbene Bluse und eine weiße, enge Jeans.

»Du musst Harald sein, sehr schön«, flötete sie handschüttelnd. »Ich war ja leider gestern nicht da. Ein kleines … weibliches Problem …« Sie gluckste ein wenig.

Harald überlegte, ob er sie wegen des Duzens rüffeln sollte, aber das Parfüm und die Figur verschlugen ihm die Sprache.

»Gaby, komm mal bitte hierher«, rief Dorothea mit finsterem Blick.

»Komme sofort«, säuselte Gaby, warf Harald ein bedauerndes Augenklimpern zu und trippelte auf ihren roten Stöckelschuhen durch den Raum zu Dorothea, die heute einen grauen Umhang und ein braunes Stirnband trug.

Unterschiedlicher hätte die Natur das Thema »Frau« nicht gestalten können, dachte Harald, doch ein Blick auf seinen Rechner brachte ihn ins Hier und Jetzt zurück. Er sah Andy an, der sich linkisch im Hintergrund gehalten hatte, und sagte: »Starten Sie doch mal den Rechner.«

Mürrisch setzte sich der EDVler an Haralds Platz und drückte auf den Startknopf. Wieder flappte der Ventilator, aber Kirsten sagte diesmal nichts, sie hatte es endlich geschafft, den Inhalt der Papiertüte auf einen Teller zu legen, und starrte das Ergebnis nun angeekelt an. Harald konnte den

Blick ausnahmsweise nachvollziehen, denn es handelte sich um ein Fischbrötchen.

Was kauft die sich nur für Sachen, fragte sich Harald und merkte angewidert, dass sich der Fischgeruch mit dem Parfümduft mischte.

»Der bricht den Startvorgang immer ab. Wahrscheinlich ein Konfigurationsproblem«, nuschelte Andy.

»Wurde das Gerät bei Ausgrabungen entdeckt?«, mischte sich Peter ein. Diesmal war es Andy, der Peter böse anstarrte.

»Ich muss eine Diagnose durchführen, am besten ich nehme den Rechner mit in die IT«, erklärte er dann.

»Klar, und ich kann die nächsten zwei Jahre mit einem Notizblock arbeiten«, maulte Harald.

»Das wird nicht lange dauern. Spätestens übermorgen haben Sie ihn wieder.«

»Erstens will ich ihn gar nicht wiederhaben, und zweitens kann ich doch jetzt nicht zwei Tage ohne einen Computer hier rumhängen«, drängte Harald.

»Eben«, pflichtete Peter mit wichtigtuerischer Stimme bei. »Ist Ihnen eigentlich klar, was Sie anrichten, wenn Sie diesen Mann nicht arbeiten lassen? Der Schaden geht in die Millionen!«

Harald überlegte erneut, ob er zuschlagen sollte, der Mann machte ihn verrückt. Andy zuckte mit den Achseln, aber Peter ließ nicht locker, beugte sich zu dem Techniker vor und flüsterte: »Herr Grützner ist ein Verwandter des Vorstandsvorsitzenden. Wurde hier eingeschmuggelt, um diskret die Organisation zu überprüfen.« Er schaute Harald mit gespieltem Entsetzen an. »Upps, das durfte ich doch gar nicht erzählen. Können wir uns auf Ihre Diskretion verlassen?«

Harald wollte dem Unsinn gerade mit einer scharfen Attacke ein Ende bereiten, als Andy völlig unerwartet reagierte. Er wurde blass und fragte: »Ist das wahr? Es gab ja immer wieder Gerüchte über Geheimarbeiter im Unternehmen …«

Peter verzog keine Miene und nickte düster. »Aber wir haben nichts gesagt«, setzte er dann hinzu.

»Warten Sie hier!«, rief Andy und hob die Arme. »Nichts anfassen, ich bin gleich wieder da!« Dann stürzte er aus der Tür.

»Wenn Dummheit weh täte, würde in diesem Haus ohrenbetäubender Lärm von dem ganzen Geheule herrschen«, murmelte Peter und verzog sich an seinen Lieblingsplatz hinter dem Rechner.

Keine Viertelstunde später war Andy zurück. Er hatte einen Handwagen mitgebracht, auf dem sich Kartons mit lauter nagelneuen Geräten stapelten. Schnell packte er das alte Monstrum und den Riesenbildschirm zur Seite. Kurze Zeit später stand ein schlanker Flachbildschirm auf Haralds Schreibtisch. Ungläubig schaute er den Monitor an, dessen durchsichtige Umrandung perlmuttfarben schimmerte. Dann zog Andy den Rechner aus der Packung. Es handelte sich um eine weiße, flache Scheibe, auf der silberfarben die Produktbezeichnung »Gigamat 8000« stand.

Andy sah Haralds ungläubigen Blick und nickte eifrig. »Das ist ein Gigamat. Das Neueste vom Neuen. 9,2 Galaxybyte Festplatte und 5000 Terrabyte Arbeitsspeicher«, flüsterte er und streichelte über das Einschaltfeld. »So was hat nicht mal unser Chef.«

Mit einem sonoren »ssss« startete das Wunderding. Eine Lichtinstallation durchzog das Monitorgehäuse. Der Rechner leuchtete passend dazu in Regenbogenfarben auf.

»Ich habe so was noch nie installiert«, erklärte Andy ehrfürchtig, während er eine ergodynamisch geformte Maus und eine seltsam geschwungene Tastatur anschloss.

Peter schaute Harald wortlos über den Rücken. Harald wartete auf eine hämische Bemerkung, doch der Zyniker blieb überraschenderweise ruhig. Selbst Frank war aufgestanden und sprach sogar ein wenig.

»Hat der das neue Windows?«, wollte er wissen.

»Keine Ahnung, werden wir gleich sehen«, meinte Harald ungeduldig.

»Die Tasten sind aus Elfenbein«, sagte der Techniker beiläufig.

Harald schluckte. Bei seinem Glück war es nur eine Frage der Zeit, bis er das Ding ruiniert hatte.

Andy schob eine CD in einen Schlitz, sie wurde mit einem wohligen Seufzen angesogen. Er schaute kritisch auf den Perlmuttbildschirm.

»Hmm, scheint alles okay.«

Dann erschienen zu leisem Glockenspiel die vier Farben der Windows-Welt, darüber zog sich ein goldener Schriftzug.

»Windows VIP«, las Harald vor. Das hatte er noch nie gehört.

Andy zuckte mit den Schultern. Weiter unten konnte man lesen: Luxus Edition 5.0.

»Wow«, sagte Frank, der hinzugetreten war.

Kirsten schaute unglücklich zwischen dem Fischbrötchen

und dem Pulk an Haralds Arbeitsplatz hin und her. Nur Dorothea saß still in ihrer Ecke und bestrafte ihre Umwelt durch Nichtbeachtung.

»Dein Passwort dürfte noch funktionieren«, sagte Andy und packte schnell das Gerümpel auf den Wagen. »Ich habe auch das Telefon getauscht«, murmelte er im Hinausgehen.

Mahlzeit

Wir dokumentieren hier in Auszügen die ersten Arbeitstage von Harald Grützner, Unterabteilungsleiter POS Hochwertige Schokolade und Mitarbeiter des Süßwarenkonzerns Global Candy Inc. am Hauptsitz in München.

2. Tag, 11.35 h

Haralds neues Telefon erweist sich als ehemalige Steuerungsanlage aus dem Vorstandsbüro. Nach mehrstündiger Erprobung unter Hinzuziehung des IT-Praktikanten Andreas Schmidt (»Andy«) stellt sich heraus, dass man mit dem Gerät das Telefonverhalten von 20 Nebenstellen kontrollieren, Telefonkonferenzen mit bis zu 80 Teilnehmern organisieren und E-Mails in Faxe umwandeln kann. Die Annahme eines einfachen Telefonats (intern/extern) stellt hingegen eine unüberwindbare Hürde dar. Andy verspricht, schnellstmöglich Abhilfe zu schaffen.

14.59 h

Eklat im Personalbüro: Die Ausstellung eines Mitarbeiterausweises für Harald stellt sich als unvermutet schwierig heraus. Die hierfür notwendige Anweisung des Personalchefs Dr. Katzbach, auf die Harald sich lautstark beruft, liegt laut der zuständigen Personalverwaltungsfachkraft nicht vor. Dr. Katzbach selbst ist auf Dienstreise und darf nicht gestört werden. Man einigt sich schließlich auf die Verlängerung des Besucherausweises – verbunden mit der eindringlichen Ermahnung, diesen immer deutlich sichtbar am Revers zu tragen.

3. Tag, 9.55 h

Andy aus der IT erscheint unvermittelt und will Haralds Drucker austauschen, weil der entsprechende Zyklus für diesen Gerätetyp abgelaufen sei. Haralds Einwand, den Drucker habe Andy doch erst vor zwei Tagen neu installiert, lässt der Mann mit Hinweis auf die »EDV-Konzernrichtlinien« nicht gelten. Auf Nachfrage erklärt der IT-Mitarbeiter, die »Sache mit dem Telefon« sei in Bearbeitung.

11.03 h

Marketingleiter Claus-Dieter Struck gibt per Hausmitteilung bekannt, dass die Unterabteilungen 23 (»strategische Kommunikation«) und 24 (»Unternehmenskommunikation«) zur Unterabteilung 55 (»Externe Kommunikation«) unter Leitung des Unterabteilungsleiters Carsten Perlebach zusammengelegt werden. Die bisherige Leiterin strategische Kommunikation, Simone Panzak, scheide »auf eigenen Wunsch« aus der Unternehmensgruppe aus.

12.34 h

Beim Mittagessen in der Kantine (gebratene Leber mit Apfelscheiben) zeigt sich Dispositionsvize Büschl, der sich zu Harald gesetzt hat, über die jüngste Personalie im Marketing verwundert. Die Panzak sei doch schließlich die Nichte des Vorstandsvorsitzenden und habe immer als unantastbar gegolten. Er verstehe »dieses Irrenhaus nicht mehr«, so Büschl mit vollem Mund.

13.59 h

Eine per Mail verbreitete Hausmitteilung erläutert, dass ab sofort Herr Benjamin Ginster, 38, Marketingökonom und bislang leitender Mitarbeiter einer angesehenen Münchner Werbeagentur, die Führung der Marketingabteilung übernehme. Der Vorstand danke dem bisherigen Direktor Claus-Dieter Struck ausdrücklich für seine in den letzten zwei Monaten erbrachte wertvolle Mitarbeit, man trenne sich wegen unterschiedlicher Auffassung über die künftige strategische Ausrichtung der Abteilung – jedoch im besten Einvernehmen.

14.21 h

Harald hört seine Handymailbox ab. Ein nuschelnder Vertreter von »Umzüge Hopf« ist dran und berichtet, dass noch zwei Kartons aufgetaucht seien, die man wegen Haralds Unerreichbarkeit der Einfachheit halber vor seinem Pensionszimmer abgestellt habe.

16.22 h

Die Personalabteilung teilt Harald in einer E-Mail mit, dass aufgrund der Abwesenheit von Dr. Katzbach seine Personalstammdaten nicht angelegt werden konnten. Daher könne man leider auch in diesem Monat keine Gehaltsabrechnung vornehmen, werde das aber dann mit dem Dezembergehalt nachholen. Mit böser Vorahnung öffnet Harald per Online-Banking sein Konto und stellt fest, dass er nicht nur den Dispo-, sondern auch den Rahmen für geduldete Überziehungen überzogen hat.

18.59 h

Harald kommt nach Hause und findet vor seinem Zimmer zwei aufgerissene Kartons, die jedoch leider außer einigen leeren Verpackungen, zwei Ausgaben des Eisenbahnmagazins und einer angeknacksten Porzellanvase nichts mehr enthalten. Sein wütender Protest an der Rezeption wird vom diensthabenden Rezeptionisten mit Knurrlauten und einem Hinweis auf den allgemeinen Haftungsausschluss abgetan.

4. Tag, 9.10 h

Harald hat beschlossen, seinen »Einstand« zu geben, und deshalb Kuchen mitgebracht. Er trommelt die Mannschaft vor seinem Schreibtisch zusammen. Die von ihm ausgewählte

Schokotorte hat jedoch leider bei der S-Bahn-Fahrt Schaden genommen und liegt nun ziemlich traurig auf einem viel zu kleinen Teller herum, den er zuvor unsicher auf den Tisch vor Kirstens Schreibtisch gestellt hat. Dorothea meint abschätzig, sie hätte damals alle zum Frühstück eingeladen, und marschiert in ihre Ecke. Kirsten fragt, ob die Torte Haselnüsse enthalte, und lehnt dann, als Harald zugibt, nichts über die Inhaltsstoffe zu wissen, dankend ab. Gaby grinst, sie müsse auf ihre Figur achten, Frank schüttelt nur leise mit dem Kopf, und Peter ruft aus der Ecke, wo er demonstrativ sitzen geblieben ist, er habe schon lange nicht mehr eine so gute Party erlebt. Nach einigen peinlichen Minuten meint dann Gaby, sie räume »das hier mal weg«, und bringt die zerlaufene Torte in die Teeküche.

12.17 h

Harald zählt auf dem Weg zur Kantine 148-mal das Wort »Mahlzeit« mit. Als er an der Kasse zufällig Andy trifft und auf das Telefon anspricht, tut dieser so, als würde er Harald nicht kennen, und verlässt wortlos den Raum.

14.44 h

Gaby schlägt vor, dass sich »doch alle mal duzen könnten«. Auf Nachfrage muss sie eingestehen, dass sich eigentlich alle bis auf Harald bereits seit Jahren duzen. Die POS-Mannschaft beschließt, dass auch Harald trotz seiner »herausragenden Führungsposition« (Originalton Peter Schwarz) geduzt werde. Der von Dorothea ebenso eilig wie grimmig vorgeschlagene Kompromiss, man könne doch Harald beim Vornamen nennen und trotzdem siezen, findet nach erregter Aussprache keine Mehrheit.

5. Tag, 10.31 h

Nach 14 versendeten und fünf empfangenen E-Mails meldet Haralds Mailprogramm, sein Postfach habe die zulässige Größe überschritten. Er müsse zunächst Daten löschen, bevor er weiterarbeiten könne. Ein erregter Anruf in der EDV-Abteilung ergibt, dass dort kein »Andydieserarsch« arbeite.

14.00 h

Gaby hat sich in der Mittagspause eine neue, superenge Jeans gekauft und auf der Damentoilette gleich mal angezogen. Nachdem sie ihre Errungenschaft stolz präsentiert hat, landet sie spontan auf Platz eins der von Harald in seinem Kopf zusammengestellten Liste der attraktivsten Mitarbeiterinnen seiner Unterabteilung. Die Plätze zwei und drei bleiben nach kurzem Überlegen vorläufig unbesetzt.

6. Tag, 11.55 h

Haralds Hausausweis ist endlich fertig. Genauer gesagt war er bereits vor drei Tagen fertig. Der entsprechende Hauspostumschlag landete jedoch zunächst in der Unterabteilung 14 (Kundenclubmagazine) und war zudem irrtümlicherweise an Kirsten adressiert, die gerade zwei Tage frei hatte. Haralds Freude wird zudem durch die eigenwillige Rechtschreibung seines Namens (»Haralt Grüzna«) getrübt. Immerhin öffnet der Ausweis das Drehkreuz und beendet die Ära des peinlichen Besucherausweises.

Nur 24 Stunden

Der Morgen des 5. Dezember machte einen äußerst unverdächtigen Eindruck. Es war trocken, die Sonne schien bei etwa vier Grad, und der Großstadtverkehr rauschte wie immer vor Benjamin Ginsters Penthousewohnung vor sich hin.

Ginster rieb sich die Augen. Er hatte höllenmäßig schlecht geschlafen, war bestimmt sechs Mal aufgewacht, und sein Schädel brummte. Ganz schlechte Voraussetzungen, denn heute sollte sein großer Tag werden.

Seit etwa 50 Stunden durfte er, Benjamin M. Ginster, 38 Jahre alt und Absolvent der angesehenen Firewood School of Business Development, sich Marketingdirektor des Süßwarenkonzerns Global Candy Inc. nennen, einem der größten Süßwaren-Produzenten der Welt, wie er letzte Woche stolz seiner ebenfalls noch neuen Freundin bei einer Flasche höllisch teurem Chianti im »San Raffaele« erzählt hatte.

Sein Vorgänger, ein gewisser Claus-Dieter Struck, war über eine Intrige gestolpert, und der Candy-Markenvorstand, Stefan von Auster, zufällig auch Absolvent der Firewood School, hatte ihn daraufhin angerufen und gefragt, ob er kurzfristig den Posten übernehmen könne.

Ginster, der seit dem Studium in diversen Werbeagenturen gearbeitet hatte und wechselweise klangvolle Bezeichnungen wie »Head of Strategy«, »Director Sales & Design« oder »General Manager Customer Relationship« trug, hatte ohnehin gerade mit dem Inhaber seines aktuellen Arbeitgebers »strategische Differenzen«, wie er es nannte, und konnte daher sofort beginnen.

Das war vorgestern gewesen. Gestern Morgen dann sagte ihm plötzlich seine Assistentin, eine unangenehme, große, blonde Frau namens Cordula, dass übrigens morgen die bedeutendste Veranstaltung des Jahres stattfinde: Die Produkteinführungspräsentation beim wichtigsten Candy-Großkunden.

»Was?«, schrie Ginster, und zum ersten Mal begann er zu ahnen, dass der neue Job neben einem üppigen Gehalt und einem spektakulären Dienstwagen leider auch unangenehme Seiten haben könnte.

Bei dem Kunden handelte es sich um keinen Geringeren als Walter Wendelsbach, Vorstandsvorsitzender der Fairy-Food-Gruppe, dem wichtigsten Zwischenhändler in Europa.

Sein Wort würde entscheiden, ob das neue Candy-Produkt, der Briegel, bald in allen Tankstellen, Bahnhofs- und Flughafenshops, Kiosken sowie im Angebot mehrerer Discounterketten zwischen Lissabon und dem Ural liegen würde.

Ein solcher Termin wurde üblicherweise ein Vierteljahr lang vorbereitet, doch Struck hatte bei seinem überhasteten Abgang keinerlei Unterlagen hinterlassen, und Cordula war »nicht im Thema«, wie sie auf Nachfrage schnippisch bemerkte. Die Herausforderung bestand also darin, innerhalb von 24 Stunden eine 1a-Präsentation für Wendelsbach zu entwickeln.

Doch wer konnte ihm dabei helfen? Ginster hatte keine Ahnung von den internen Abläufen bei Candy. Seinen Freund, den Markenvorstand, wollte er auch nicht fragen, weil er sich dann ja mit seiner Ahnungslosigkeit blamiert hätte. Panisch blätterte er im Telefonverzeichnis der unübersichtlichen Marketingabteilung und stieß auf die Abteilung »Klassische Werbung«, die ihm vom Namen her für den Auftritt irgendwie passend erschien. Umgehend ließ er die Unterabteilungsleiterin und ihre Stellvertreterin antanzen.

Es handelte sich um zwei nette Damen Ende 50, die sich trotz der Zeitnot über den Auftrag freuten, denn in den letzten Jahren hatte sie niemand mehr mit irgendetwas beauftragt.

Die Unterabteilung Klassische Werbung war bei einer der großen Rochaden des Jahres 2002 als Abspaltung aus der »Gesamt-Werbeabteilung« entstanden, als einer der Vor-Vorgänger Ginsters beschloss, für jede Werbeform ein separates Referat zu schaffen. Nachdem auf diesem Wege die Unterabteilungen für »Printwerbung«, »Werbung in Elektronischen Medien«, »Außenwerbung« und »Werbung New Media« entstanden, blieb am Schluss eine kleine Truppe übrig, die der damalige Marketingdirektor, weil ihm nichts Besseres einfiel, unter dem Sammelbegriff »Werbung Allgemein« einordnete. Dessen Nachfolger änderte die Bezeichnung in »Klassische Werbung«, womit er auch irgendeinen konkreten Plan verband, den er aber nicht mehr umsetzen konnte. Die Unterabteilung hing nun ohne konkreten Auftrag in der Luft und begann sich in Eigeninitiative um Verpackungsgestaltung zu kümmern, was sie in Konflikt mit der Gruppe Produktdesign brachte. »Klassische Werbung« verlor den Machtkampf und beschränkte sich danach auf das Bestellen von Kugelschreibern und Schreibtischunterlagen.

Das alles sagten die beiden Damen Ginster jedoch nicht, als sie ehrfürchtig in seinem Büro saßen, das sie schon seit vielen Jahren nicht mehr betreten hatten. Im Gegenteil: Die Unterabteilungsleiterin Gitte Lengsdorf betonte in dem Gespräch immer wieder, das sei für sie »ein Klacks«, das habe man »schon tausend Mal gemacht«. Mit welcher Werbeagentur man denn zusammenarbeite, da sei ja bestimmt schon alles vorbereitet?

Ginster begann zu schwitzen. Es gab keine Agentur, jedenfalls wusste er von keiner. Aber die Frau hatte natürlich Recht, ohne einen eindrucksvollen Agenturauftritt brauchte er gar nicht erst bei Fairy Food aufzulaufen.

Nun war guter Rat teuer. Von seinen bislang sieben Arbeitgebern kam niemand in Frage, da es immer irgendwie »strategische Differenzen« gegeben hatte. Da fiel ihm glücklicherweise ein Studienkollege ein, der sich kürzlich selbständig gemacht hatte. Während er die älteren Damen von der Allgemeinen Werbung in seinem Zimmer warten ließ, rief Ginster vom Klo aus bei dem Freund an, der Rüdiger Meyer hieß, und beschwor ihn, »irgendetwas zu zaubern«.

Schließlich kam er strahlend zurück und drückte Frau Lengsdorf einen Zettel mit der Telefonnummer von Rüdiger in die Hand. »Da können Sie sich für morgen abstimmen!« Erst als die Frauen aus dem Raum waren, fiel sein Lächeln von ihm ab, und er überlegte verkrampft, wie er den mörderwichtigen Auftritt noch »toppen« könne. Wieder blätterte er im Telefonverzeichnis – und plötzlich hatte er eine Idee. Eine fatale, wie sich bald zeigen sollte …

Das Igellied

Als Harald am nächsten Morgen durch die Milchglastür kam, traute er seinen Augen nicht. Alle Tische waren meterhoch belegt mit Kleidungsstücken, Pappmaché und Schildern.

Mitten in dem ganzen Chaos standen Peter und Kirsten, die einen riesigen Igelkopf in der Hand hielt und unglücklich aus der Wäsche guckte.

»Wie das immer riecht«, klagte sie, ohne Harald zu beachten. »Das ist bestimmt voller giftiger Chemikalien.«

Peter zog die Augenbrauen hoch. »Du bist auch voller giftiger Chemikalien«, sagte er. »Wärest du Abfall, bräuchten wir eine Sondergenehmigung zur Entsorgung.«

Kirsten schaute ihn empört an.

»Was ist denn hier los?«, wollte Harald wissen.

»Igelalarm«, murmelte Peter und hielt ein Kostüm hoch.

Harald zog seinen Mantel aus und trat zu den beiden. »Ich verstehe kein Wort.«

»Wurde die Unterabteilungsleitung nicht über den wichtigsten Einsatz des Jahres informiert?«, höhnte Peter.

»Offenbar nicht«, sagte Harald. »Aber vielleicht kannst du für Aufklärung sorgen …«

Peter zuckte mit den Achseln. »Es geht um irgendeine Präsentation von diesem neuen Hüftgoldriegel.«

»Dem Briegel?«, fragte Harald aufs Geratewohl.

»Treffer!«, rief Peter. »Tolle Leistung, Herr Grützner. Es sind nur noch sechs Fragen bis zur Million. Oh, wen sehe ich da im Publikum?« Er schaute zu Kirsten. »Verraten Sie uns bitte, wen haben Sie uns heute mitgebracht?«

Harald atmete tief durch. Peter Schwarz war nur schwer zu ertragen. Aber wenn man etwas aus ihm herausbekommen wollte, ging man am besten auf sein dummes Gerede ein.

»Meine blinde Halbschwester Brigitte …«, antwortete er. »Kann ich jetzt endlich erfahren, was das hier alles soll?«

Brigitte alias Kirsten ließ sich herab, eine Erklärung abzugeben. »Da ist morgen irgend so eine megawichtige Präsentation bei einem Kunden, und wir sollen da als Überraschungsgag mit einem Promo-Team rein.« Sie schaute im Raum umher und verzog das Gesicht. »Und irgendjemand ist auf Igel gekommen.«

Harald konnte es noch nicht ganz glauben. »Das heißt, wir ziehen uns Igelkostüme über und laufen dann da rum, oder wie?«

»Keine schlechte Idee«, kicherte Peter, »ich wollte immer schon meine dunkle Seite erforschen … Aber nee, dafür haben wir Studenten.« Er verschwieg Harald lieber, dass er selbst jahrelang davon gelebt hatte, in Tierkostümen für irgendwelche Produkte zu werben.

»Also noch mal für dumme Leiter«, räsonierte Harald. In diese Stachel-Kostüme kommen also morgen Studenten rein, die setzen sich dann diese dämlichen Riesenköpfe auf und … und dann?«

»Dann singen sie ein Lied«, beendete Peter den Satz.

»Du hast die Briegel-Attrappen vergessen«, erinnerte ihn Kirsten und hielt Harald einen Riesenbriegel aus Plastik unter die Nase.

»Ach stimmt«, brummelte Peter, »jeder Igel bekommt so ein Ding und darf damit winken. Aber dann kommt das Lied, das ist der Hammer.«

Harald starrte Peter ungläubig an, doch der zog eine Schnute und meinte: »Hat Kirsten getextet. Hör mal!«

Er tanzte vor Harald hin und her und summte: »Wir Igel sitzen unterm Baum, ganz versteckt, man sieht uns kaum. Jeder Igel isst 'nen Briegel, das ist unser großer Traum ...«

Peter grölte vor Lachen los, und Kirsten lief rot an.

»Das meint ihr nicht ernst?«, fragte Harald.

»Kommt von ganz oben«, stammelte Kirsten.

»Und wie läuft das konkret ab?«, wollte Harald wissen.

»Morgen früh um halb neun treffe ich mich mit den fünf Studenten, und dann fahren wir im Kleinbus rüber nach Schwabing. Um halb zehn beginnt das Meeting, wir sind gegen 10.30 Uhr dran.«

»Ich komme mit«, entschied Harald.

»Natürlich. Das ist Chefsache!«, ätzte Peter und bürstete lässig die Stacheln eines Igelkostüms glatt.

Im Auge des Taifuns

Ginster duschte und zog sich rasch an. Sein Frühstück bestand aus einer Zigarette und einer Tasse Espresso, die er mit Hilfe seiner sündhaft teuren Designermaschine zubereitete.

Das Meeting war für 9.30 Uhr bei Fairy Food angesetzt. Nach einer abenteuerlichen Fahrt im Dienst-BMW erreichte er um kurz vor halb zehn das Gebäude des Kunden. Eine Sekretärin führte ihn gemeinsam mit den beiden Werbedamen, die schon seit einer Stunde auf ihn warteten, in einen wie ihm schien viel zu großen Konferenzraum.

»Benjamin, schön, dich zu sehen«, rief Rüdiger beim Eintreten und kam auf seinen Studienfreund zu, um ihm die Hand zu schütteln.

Er war trotz der Jahreszeit braungebrannt und trug sein gelocktes, schwarzes Haar nach hinten gegelt. Ginster hasste das, denn er sah genauso aus.

»Darf ich dir Rüdiger vorstellen?«, fragte der Werbemann.

Irritiert gab Ginster dem zweiten Mann die Hand, der ebenfalls schwarzes, allerdings zur Seite gekämmtes Haar und eine viereckige, schwarze Brille trug, vor allem aber reichte er seinem Namensvetter höchstens bis an die Schulter.

»Rüdiger Schmidt«, sagte der Mann ausdruckslos. Er hatte unangenehm starre Augen.

»Mein Partner«, ergänzte der große Rüdiger und drückte Ginster eine Karte mit der Aufschrift »Rüdiger & Rüdiger, Werbeagentur« in die Hand. »Was macht Sylvia?«

»Oh, wir sind nicht mehr zusammen«, murmelte Ginster.

Das Gespräch verstummte, es gab nichts zu sagen.

Ginster sah sich um. Der Konferenztisch bildete ein längliches Oval. Neun Plätze waren eingedeckt. Auf der einen Seite hatten die Rüdigers einen Beamer aufgestellt, der auf eine Leinwand ausgerichtet war. Auf der anderen Frontseite gab es einen Platz, der offenkundig für den Vorstand Herrn Wendelsbach bestimmt war. Die Rüdigers nahmen vorne rechts Platz. Ginster und die beiden Frauen setzten sich links gegenüber.

Die Tür ging auf, und Wendelsbach betrat den Raum. Ihm folgte ein Tross weiterer Angestellter. Wendelsbach war klein und untersetzt, sein Haar schneeweiß. Ginster sprang auf und drückte dem Mann die Hand.

»Guten Tag, Herr Dr. Wendelsbach«, sagte er unterwürfig.

Wendelsbach verzog das Gesicht. »Den Doktor lassen Sie mal weg, junger Mann.« Dann gab er den übrigen Teilnehmern die Hand und nahm Platz.

Wendelsbach lächelte in die Runde, aber seine Augen lachten nicht mit.

Ginster schluckte.

»Harter Hund«, hatte Cordula ihm mit auf den Weg gegeben. »Da haben sich schon manche verhoben.«

»Ja, dann legen Sie mal los, ich bin gespannt, was Candy uns in diesem Jahr zu bieten hat«, sagte Wendelsbach ungeduldig.

Ginster bedankte sich überschwänglich für das Vertrauen und übergab das Wort dann an seinen Bekannten. Rüdiger Meyer stand auf und stellte sich vor. Er beließ es nicht bei seinem Namen, sondern ging umständlich seinen Lebenslauf und den Werdegang seiner erst neun Monate alten Agentur durch.

Ginster rutschte unruhig hin und her, denn er sah Wendelsbachs gelangweilten Blick. Endlich leitete Rüdiger zu der vorbereiteten Präsentation über, doch als er die erste Folie starten wollte, tat sich nichts. Die Leinwand blieb dunkel.

»Muss ein Problem mit dem Beamer sein«, sagte der große Rüdiger. Beide Rüdigers beugten sich über das Gerät.

»Drück mal F6«, verlangte der kleine Rüdiger.

Wendelsbach schaute auf die Uhr. Auf der Leinwand erschien ein blaues Leuchten.

»Du musst mehrfach drücken«, sagte der kleine Rüdiger ungeduldig zum großen.

»Wenn du alles besser weißt, dann mach's doch selbst«, gab der verstimmt zurück und verschränkte die Arme.

Jetzt fummelte der kleinwüchsige Rüdiger an dem Rechner herum, und tatsächlich konnte man plötzlich die Arbeitsoberfläche des Laptops an der Wand sehen.

»Wo war denn das?«, murmelte der Kleine und fuhr mit der Maus über die Fläche. Dann klickte er auf ein Symbol. Eine Datei öffnete sich, und die Runde schaute auf eine recht hübsche Frau im Bikini-Unterteil, die ihre nackten Brüste aufreizend in die Kamera hielt und frech grinste.

Ginster starrte auf die Leinwand. Das war ja Sylvia, seine Ex.

Der große Rüdiger schaute entsetzt zu Ginster und lief tiefrot an, dann schloss sein Kompagnon die Datei.

Ginster hatte jedoch keine Zeit zu reagieren, denn in diesem Augenblick öffnete sich die Tür, und eine Gruppe Menschen kam herein, vorneweg ein fast zwei Meter großer, haarloser Riese, dahinter tauchten zwei unscheinbare Frauen und dann ein sehr schmaler Mittfünfziger mit akkurat gekämmtem grauen Scheitel auf. Er trug einen geschlossenen Zweireiher und goldene Manschettenknöpfe.

Eine Fairy-Mitarbeiterin lugte ängstlich um die Ecke.

Wendelsbach war aufgestanden und schaute die unerwarteten Besucher fragend an, doch der Riese schien das zu ignorieren.

»Der Verkehr«, tönte er munter in die Runde. Er ging auf den verdutzten Ginster zu und schüttelte ihm die Hand. »Ott, wir hatten noch nicht das Vergnügen. Das sind Frau Zunder und Frau Berg aus meiner Abteilung. Und wir haben Dr. Lohne vom Vorstandsbüro mitgebracht.«

Der Akkurate trat an Ginster heran und sagte leise: »Lohne, Büro des Vertriebsvorstands.«

Daher wehte also der Wind. Wendelsbach räusperte sich. Alle wandten sich ihm zu. Lohne trat sofort auf ihn zu.

»Herr Wendelsbach, herzliche Grüße von Herrn Rolfes.«

Wendelsbach schüttelte dem Mann auffallend lange die Hand und klopfte ihm lachend auf die Schultern. »Schön, schön, dachte schon, ich kenne keinen mehr bei euch.«

Die ängstliche Assistentin schleppte derweil weitere Stühle heran, denn wegen der neuen Gäste gab es am Tisch nicht mehr genügend Plätze.

Ginster starrte seinen Freund Rüdiger an, der betreten zu Boden schaute. Als gerade alle Platz genommen hatten, ging die Tür erneut auf, und zwei junge Männer, die Ginster auf höchstens Anfang 20 schätzte, stolperten in den Raum. Einer von ihnen hielt einen Beamer unter dem Arm.

»Sind wir zu spät?«, fragte er.

»Wer sind Sie denn?«, fragte Ginster mit wachsender Verzweiflung.

»Das ist doch hier das Fairy-Dings, oder?«, fragte der Neuankömmling.

Die Assistentin trippelte mit weiteren Stühlen herbei, und die beiden Jungen lümmelten sich ohne eine Vorstellung vorne links vor die Leinwand.

»Ihre Mitarbeiter?«, fragte Wendelsbach ungehalten.

»Äh, … ja …«, stotterte Ginster und schaute die beiden fragend an. »Vielleicht können Sie der Runde kurz …?«

Der Mann nahm einen Kaugummi aus dem Mund und wickelte ihn in ein Stück Papier. »Klar. Ich bin Dennis, und das hier ist Kevin.«

Ginster nickte ihnen zu: »Klar. Und Sie sind von …?«

»… Candy Online«, half der Zweite aus und schenkte sich einen Kaffee ein. »Wir sollten hier ein paar Ideen zeigen, oder?«

Ginster tat so, als wenn das mit ihm abgesprochen sei, in dem er wichtigtuerisch nickte.

»Ach ja, genau, aber Sie sind jetzt noch nicht dran. Wir wollten erst die Basispräsentation sehen.« Er schaute den großen Rüdiger intensiv an, der nach einigen Sekunden schaltete und endlich in sein Thema einstieg.

Aufmerksamkeitsheischend schaute er in die Runde. »Wir haben uns gefragt, was empfindet ein Mensch, der etwas ausgehungert in ein Geschäft kommt und dann denkt …«

»Hören Sie auf und zeigen Sie uns die Kampagne«, unterbrach Wendelsbach.

Rüdiger schaute ihn irritiert an. »Das wollte ich ja tun, aber vorher …«

»Vorher wollen Sie uns Ihre Überlegungen schildern, damit wir hinterher Ihre Kampagne verstehen«, schloss Wendelsbach und schaute selbstzufrieden in die Runde. »Aber der Käufer, im Shop, an der Tankstelle oder wo auch immer, der kennt Ihre Überlegungen ja auch nicht. Er sieht einfach das verdammte Ding oder das Plakat oder was immer Sie uns hier unterjubeln wollen. Also hören Sie auf, hier den Werbeerklärer zu spielen. Den gibt's schließlich im richtigen Leben auch nicht.«

Rüdiger war blass geworden, er schaute hilfesuchend zu Ginster, aber der fand es gerade sehr spannend, ein Milchtöpfchen neben seiner Kaffeetasse genauestens zu untersuchen.

»Gut«, murmelte Rüdiger und klickte hektisch durch seinen Vortrag, bis er eine bestimmte Seite gefunden hatte.

Ein Plakat wurde an die Wand geworfen. Darauf war ein Mann zu sehen, der sich erschöpft an seinen Wagen lehnte und sich den Schweiß aus der Stirn strich. Darunter prangte der Claim: »Ich glaub, ich brauch'n Briegel.«

»Das machen wir so nicht«, mischte sich jetzt überraschenderweise der Riese ein, der sich als Ott vorgestellt hatte.

»Was soll das heißen, machen wir nicht?«, fuhr ihn Rüdiger an.

»Zu einer werblichen Aussage zeigen wir immer das Produkt«, dozierte Ott.

»Aber dafür gibt es doch das zweite Plakat«, antwortete Rüdiger zornig. »Warten Sie ab.«

Er klickte weiter, das nächste Bild zeigte den Schokoriegel. Darunter stand der Satz: »Ein ganzer Briegel. Überall, wo es Schokolade gibt.«

Ott schüttelte heftig den Kopf. »Machen wir so nicht.«

Ginster reckte sich und wollte etwas sagen, aber Ott ignorierte ihn und schaute stattdessen Dr. Lohne an: »Der Briegel muss zu dem Mann im Bild gestellt werden. Und der zweite Spruch geht auch nicht. Der konterkariert unsere eigentliche Werbeaussage.«

Die beiden Onliner kauten wieder Kaugummi, schauten belustigt drein, sagten aber nichts.

»Es bringt doch nichts, mit Dogmen zu arbeiten«, beharrte Rüdiger unsicher. »Wenn man das Produkt noch mit in das Bild setzt, ist doch alles völlig überladen. Die Werbebotschaft, das wollte ich eingangs erklären, ergibt sich doch gerade aus dem Fehlen des Briegels. Wir haben noch weitere Beispiele vorbereitet, Menschen ohne Briegel, aber mit einer starken Sehnsucht danach …«

Eine von Otts Frauen meldete sich jetzt zu Wort. »Berg aus der Grafik«, sagte sie. »Ich wollte mal anmerken, dass da mit den Farben was nicht stimmt.«

Wie auf Kommando sprang jetzt der kleine Rüdiger auf und stellte sich neben den Erstrüdiger. »Was soll denn mit den Farben nicht stimmen?«, herrschte er die Grafikerin an.

»Das trifft doch gar nicht unsere Farbwelt«, nörgelte die Frau.

»Mag sein, dass man hier auf der Leinwand …«, wandte der große Rüdiger ein, doch der kleine unterbrach ihn lautstark.

»Ich habe Design studiert, das muss ich mir nicht sagen lassen. Ich habe mir die letzten Candy-Kampagnen angesehen. Das sind alles Farben, die Sie dauernd verwenden!«

»Können wir vielleicht weitermachen?«, rief Ginster mit hochrotem Kopf, der sich angesichts dieses Desasters gar nicht traute, nach vorne zu Wendelsbach zu schauen.

»Aber das muss doch erst einmal grundsätzlich geklärt werden«, geiferte jetzt wieder Ott los. »Hier werden doch sonst völlig falsche Erwartungen geweckt. Ich bin verantwortlich für das Corporate Design des Hauses, so geht das jedenfalls nicht.«

Frau Berg nickte grimmig. Die beiden Frauen aus der klassischen Werbung, die bislang kein Wort gesagt hatten, sahen voller Spannung erst Ginster und dann die beiden Rüdigers an, deren Köpfe inzwischen auch gerötet waren. So viel Unterhaltung hatten sie seit Jahren nicht gehabt.

Unter Briegeln

Noch während im Konferenzraum die Schlacht tobte, trafen draußen im Sekretariat weitere Bodentruppen ein.

Der verängstigten Fairy-Sekretärin verschlug es förmlich die Sprache, als Harald und Peter mit fünf gigantischen Igeln das Vorzimmer betraten. Und nicht nur das: Kirsten hatte ausnahmsweise Recht gehabt. Die Kostüme stanken bestialisch nach Plastik.

Schon auf dem Weg hierher hatte die Gruppe im Kleintransporter kaum Luft bekommen, aber als Harald das Problem ansprach, meinte Peter munter: »Ach, das ist allerbeste chinesische Ausschussware. Warum soll es uns besser gehen als den hundert toten Fabrikarbeitern in Yinchuan, die den Mist hergestellt haben?«

Harald schüttelte entsetzt den Kopf. Der Mann war ein übler Zyniker. Jetzt im Vorzimmer zeigte sich ein weiteres Problem: Die Stacheln der Kostüme verhakten sich, sobald zwei Igel aneinanderstießen, was in der Enge des kleinen Raumes unausweichlich war. Jedes Mal mussten Harald und Peter die Tiere wieder auseinanderrupfen. Außerdem beschwerten sich die Studenten, dass man in den Riesenköpfen total schwitze und von den Ausgasungen Kopfschmerzen bekomme. Nur einer der Promoter meinte, das Zeug sei besser als Speed. Peter feixte, aber Harald fand das alles nicht komisch.

»Verdammt, wir haben die Briegel im Auto vergessen«, rief er plötzlich zu Peter.

»Ach wie blöd, ich hole die Teile«, antwortete der und öffnete die Tür, schreckte aber sofort zurück, weil in diesem Moment ein überdimensionales, grinsendes Hamstergesicht im Türrahmen auftauchte.

»Iiiihhh«, schrie die Sekretärin, dann standen auf einmal vier von den Riesenhamstern in ihrem Büro.

Dahinter erschien eine kleine, pummelige Frau. Gleich der erste Hamster stieß mit einem Igel zusammen. Offenbar konnten die Menschen in den Kostümen nicht richtig sehen. Hamster und Igel purzelten der Länge nach hin, woraufhin sich zwei weitere Igel verhakten.

»Mein Gott ...«, stammelte Harald ungläubig.

»Den lassen wir mal aus dem Spiel, mein Sohn«, imitierte Peter eine Bassstimme.

Jetzt ergriff die Pummelige das Wort. »Was soll denn das bitte werden, wenn's fertig ist?«, fuhr sie Harald und Peter an, doch der ließ sich nicht aus der Ruhe bringen.

»Igel«, sagte er lapidar. »Igel und Briegel. Hallo, Ilka, übrigens.«

»Ihr kennt euch?«, fragte Harald.

»Klar, das ist Ilka, deine Kollegin von POS Massenware. Hat euch etwa der Vorstand nicht miteinander bekannt gemacht?«

»Was tut ihr hier?«, keifte Ilka, ohne auf Peters Worte zu achten.

»Was wir hier tun?«, fragte Peter. »Wir machen unseren verdammten Job, Süße.«

Ilka schaute Peter verächtlich an. »Es ist eine Schande für unser Unternehmen, dass es so Typen wie dich gibt«, sagte sie kalt. »Und jetzt verschwindet, wir haben zu tun.«

Jetzt mischte Harald sich ein: »Ich glaube, hier liegt ein Missverständnis vor. Wir haben hier zu tun.«

»Wer bist du?«, schnauzte Ilka.

»Harald Grützner«, sagte Harald. »Ich leite die Unterabteilung POS Hochwertige Schokolade.«

»Schön, dann mach das mal weiter und lass uns in Ruhe arbeiten.«

»Was wollen Sie denn hier tun?«, fragte Harald und ignorierte das Du.

»Wir sollen um halb elf da rein mit den Hamstern und die Präsentation ein bisschen auffrischen.«

»Warum Hamster?«

»Weiß ich doch nicht«, blaffte Ilka. »Briegel, hamsterscharf, oder so ein Scheiß, keine Ahnung.«

»Das ist doch gar nicht mehr der aktuelle Claim«, wandte Peter ein. »Jeder Igel braucht 'n Briegel, heißt das jetzt. Wahrscheinlich haben die vergessen, deine blöden Hamster abzubestellen.«

»Was soll das heißen, blöde Hamster?« Ilkas Stimme überschlug sich.

»Ja, stimmt«, spottete Peter. »Im Vergleich mit dir sind die eigentlich doch recht intelligent.«

Kaum hatte er die Beleidigung ausgesprochen, schubste ihn einer der Hamster zur Seite. Aus seinem Rachen konnte Peter hören: »Lass sie in Ruhe und pass auf, was du sagst.«

Hilfesuchend schaute sich Peter um, und er musste nicht lange warten. Einer der Igel, Harald meinte, den Speed-Typen zu erkennen, schoss auf den Hamster zu. »Chef?«, gurgelte es aus dem Igelkopf in Richtung Peter. Der nickte grimmig und murmelte: »Nur zu«, woraufhin der Igel mit der Hand ausholte und den Hamster zu Boden warf.

Harald rief noch: »Hört doch auf«, aber es war zu spät. Vielleicht lag es an den Gasen oder der feuchten Luft in den Kostümköpfen, auf jeden Fall gingen jetzt auch die übrigen Hamster und Igel aufeinander los. Wieder quiekte die Sekretärin, als ihr Unterlagen, Ordner und ein Zettelblock um die Ohren flogen. Ein Igel hatte einen Hamster in den Schwitzkasten genommen, zwei andere Stacheltiere lagen ineinander verhakt auf dem Boden. Ilka und Peter schrien sich an. Nur Harald stand regungslos in einer Ecke des Raumes.

Auch im Besprechungsraum war die Stimmung kaum besser. Der glatzköpfige Ott war aufgestanden und schrie den kleinen Rüdiger an, dass der ja wohl überhaupt keine Ahnung von Werbegestaltung habe. Dr. Lohne schaute versteinert in die Runde. An der Stirnseite saß Wendelsbach und betrachtete das Treiben immer missmutiger. Er hatte seine Arme verschränkt und war ebenso wie die meisten Konferenzteilnehmer rot angelaufen.

Ginster sah, dass er schnell etwas tun musste, wenn er die Situation noch retten wollte. Er sprang auf und rannte zur Tür. Dort angekommen rief er in die Runde: »Meine Damen und Herren, bitte kommen Sie doch zur Ruhe!« Tatsächlich verstummten die Auseinandersetzungen für einen Moment. Ginster rief eilig: »Offenbar hat es im Vorfeld einige kleine

Abstimmungsprobleme gegeben, das werden wir intern klären, aber jetzt denken wir doch bitte wieder alle an den Sinn und Zweck dieser Veranstaltung. Eine Pause wird uns guttun. Und als kleine Ablenkung haben wir etwas vorbereitet.«

Die Runde schaute Ginster erwartungsvoll an, der sogleich die Türklinke in die Hand nahm und sagte: »Ich schaue mal nach, ob die Kollegen …«

Weiter kam er nicht, denn in diesem Augenblick flog die Tür mit einem Krachen auf, und ein Riesenigel und ein Riesenhamster rollten ineinander verkeilt in den Konferenzraum und rissen dabei auch Ginster halb zu Boden. Gleich dahinter stürmten weitere Riesenviecher herein und prügelten aufeinander ein. Ein Regal stürzte um. Ginster schrie auf, ebenso die Grafikerin, die entsetzt auf den Tisch sprang. Im Türrahmen erschienen Peter und Harald, die mit leichter Panik in den Raum blickten.

»Igel zu mir …«, rief Peter, aber niemand hörte ihn. Da schallte auf einmal ein einziges Wort durch den Raum.

»RAUS!«, brüllte Wendelsbach, woraufhin augenblicklich Ruhe eintrat. Hamster, Igel und Menschen schauten den Vorstandsvorsitzenden von Fairy-Food an. »Raus, alle raus hier!«, schrie Wendelsbach außer sich. »Ich will nie wieder irgendeinen Candy-Mitarbeiter sehen.«

Es war ein trauriges Bild, das sich draußen auf dem Parkplatz bot. Mit gesenktem Haupt standen die Studenten betreten herum, die inzwischen ihre Tiermasken abgenommen hatten. Ott und seine Frauen liefen, ohne sich umzudrehen, über den Platz. Dr. Lohne, der kurz vor dem unrühmlichen Ende noch einen Stuhl vor das Schienbein bekommen hatte, hinkte ihnen hinterher. Als er Peter und Harald erreichte, murmelte er: »Das hat Folgen, meine Herren, das hat Folgen.«

Schließlich trat Ginster auf den Platz. Er sprach kurz mit Ilka, die einen der Hamsterdarsteller streichelte, offenbar war es der Mann, der ihr ritterlich gegen Peters Schmähungen beigesprungen war. Sie zeigte auf Harald.

»Oh, oh«, flüsterte Peter im Tonfall eines Teletubbies. Dann stand Ginster auch schon vor ihnen.

»Wer hat Sie hierherbestellt?«, fragte er drohend.

»Die Marketingleitung«, antwortete Peter mit heiserer Stimme.

»Kaum möglich«, knurrte Ginster, »das bin nämlich ich. Wer ist der Leiter dieser Unterabteilung?«

Zitternd meldete sich Harald.

Ginster schaute ihn scharf an und fragte nach seinem Namen. »Wir sprechen uns, Grützner«, sagte er dann, »gleich morgen werden wir das hier aufklären. Und ich verspreche Ihnen, das wird nicht lustig.«

Santa Tonic

Obwohl es erst Mittag war, hatte Harald jetzt eigentlich nur noch einen Wunsch: nach Hause gehen und schlafen. Doch der Tag war noch nicht zu Ende. Gerade für heute war die große Weihnachtsfeier angesetzt, bei der alle 2167 Mitarbeiter der Münchner Zentrale sowie ausgewählte Vertreter der Außenstellen zusammenkamen. Das ganze Haus fieberte jedes Jahr der pompösen Veranstaltung entgegen. Schon im Frühling kursierten im Haus die ersten Gerüchte über das Programm und die Ehrengäste. Die Organisation lag traditionell bei der Marketingabteilung, genauer gesagt bei der Unterabteilung »Internes Eventmanagement«. Nachdem Harald und Peter die Kostüme in den Keller geschafft und in ihrer Unterabteilung ausführlich Bericht erstattet hatten, fuhren sie zum Veranstaltungsort.

Am Nachmittag hatte es sich eingedunkelt, und nun regnete es in Strömen. Harald war heilfroh, dass Peter ihn in seinem schäbigen, grünen VW-Polo mitnahm und er nicht mit der S-Bahn fahren musste. Auf der Fahrt zum Festort, einer umfunktionierten Industriehalle, erzählte Peter, dass er dem Leiter des Event-Managements immer wieder mit Studenten aushelfe musste, so auch dieses Mal.

»Hoffentlich hast du ihm keine Igel geschickt«, meinte Harald, aber Peter schüttelte den Kopf.

Sie kamen viel zu früh an.

»Geschlossene Veranstaltung«, brummte ein sehr kompakter Türsteher, der sich unter einen Baldachin vor der Halle vor dem Regen geflüchtet hatte.

Das Zelt vor dem Eingang sollte der ansonsten trostlosen Halle wohl einen festlichen Charakter geben, doch das Wetter machte alles zunichte. Der rote Läufer auf dem Parkplatz stand unter Wasser, und die Fackeln, die den Weg säumen sollten, waren allesamt erloschen. Überall lagen umgefallene Absperrungen herum, die der Wind durch die Pfützen wehte. Harald zeigte seinen Ausweis, aber der Mann schüttelte unwirsch den Kopf.

»Ihr kommt nur rein, wenn ihr auf der Liste steht«, sagte er.

»Auf der Liste stehen alle Candy-Mitarbeiter aus München, und ich bin Candy-Mitarbeiter in München«, beharrte Harald.

Der Mann, der über beeindruckende Schultern verfügte, schaute ihn drohend an. »Ich habe meine Anweisungen, ihr kommt nur rein, wenn ihr auf der Liste steht.«

»Gut, schau einfach nach.«

»Nicht mein Job, und die Damen sind noch nicht da.«

Die Diskussion war sinnlos. Peter zündete eine Zigarette an.

»Rauchverbot«, knurrte der Schrank.

Peter schaute ihn abschätzig an, dann schnippte er die Zigarette in den Regen hinaus. »Wenigstens gibt's kein Denkverbot, sonst würde es jetzt eng«, sagte er trocken.

Der Türsteher schien darüber nachzudenken. »Verarsch mich nicht«, sagte er schließlich drohend.

»Iwooo«, summte Peter.

Harald begutachtete unauffällig die tätowierten Oberarme des Mannes und machte dann warnende Handzeichen zu Peter.

20 Minuten später kam ein rothaariges Mädchen durch den Regen gelaufen. Es hatte sich eine Jacke über den Kopf gezogen, darunter war ein rotes Weihnachtskostüm zu sehen.

»Endlich«, murmelte Harald, der inzwischen ganz durchgefroren war, unter anderem weil er keine dicke Jacke dabeihatte.

»Warum seid ihr nicht schon reingegangen?«, fragte die Hostess und legte Namenslisten auf einen Stehtisch.

»Wir fanden es hier draußen irgendwie kuscheliger«, antwortete Peter. Und mit einem Seitenblick zu dem Stiernacken: »Außerdem haben wir uns gerade so nett unterhalten.«

Harald zog eine Grimasse.

Drinnen waren noch die letzten Aufbauarbeiten im Gange. Einige Männer schleppten einen riesigen Weihnachtsbaum auf die Bühne. Zwischen den unzähligen Tischen wuselten Heerscharen von Kellnerinnen und verteilten Gläser, Teller, Kerzen und Lametta.

»Komm, wir suchen die Bar«, schlug Peter vor.

Harald nickte begeistert und fand Peter zum ersten Mal sympathisch. Es gab mehrere improvisierte Ausgabestellen für Getränke, aber die beiden bewegten sich zielstrebig auf die hinterste Ecke der weitverzweigten Halle zu.

»Zwei Gin Tonic«, rief Peter dem Barkeeper zu, einem Jungen mit wenigen schwarzen Haaren, dafür aber mächtigen Koteletten.

»Wir haben noch nicht geöffnet«, knurrte der Mann.

»Wir sind Stammgäste«, konterte Peter mit todernstem Gesicht.

Der Kotelettenmann runzelte die Stirn, kramte dann aber zwei große Cocktail-Gläser aus einem Karton und füllte sie mit dem Gewünschten.

»Können Sie eine Gurkenscheibe reinmachen?«, fragte Harald. Jetzt runzelte auch Peter die Stirn.

»Doch, doch, das schmeckt gut«, beharrte Harald auf seinem Vorschlag. Er hatte schließlich schon so manchen einsamen Abend an heruntergekommenen Hotelbars verbracht.

»Ich kann eine Ananasscheibe und ein Fähnchen draufsetzen«, schlug der Barkeeper vor.

»Ananas und Gin geht gar nicht«, mischte sich jetzt wieder Peter ein.

»Passt mal auf, ihr beiden Scherzbolde«, hier sind die zwei Gin Tonic und Schluss.« Er drehte sich um und räumte weiter Kartons aus.

»Mann, das war vielleicht eine Nummer vorhin«, sagte Harald, nachdem er einen kräftigen Schluck genommen hatte. Peter schaute zu Boden.

»Und diese blöde Ziege mit ihren Hamstern«, setzte Harald hinzu.

»Kannst du laut sagen«, meinte Peter. »Die hat sich völlig in ihren Job verbissen. Für die ist das hier Kosovo, na ja, du hast es ja gesehen …« Mit einer Geste orderte er zwei weitere Getränke. »Aber dass dieser eine Hamster, also, ich meine der Typ in dem Hamster, gleich auf dich losgehen musste«, sinnierte Harald.

»Hör bloß auf«, zischte Peter und schaute Harald zornig an. »Das ist ihr Haushamster.«

Harald nickte langsam. Daher wehte also der Wind. »Ihr wart mal zusammen?«

»Ich war jung und brauchte das Geld«, murmelte Peter und stürzte den zweiten Drink hinunter.

Inzwischen begann die Halle sich zu füllen. Wie Harald bemerkte, hatten sie mit der Bar in der Nische zufällig eine gute Wahl getroffen. Sie saßen zwar abseits, konnten aber von dort aus sehr gut das Geschehen auf der Bühne beobachten. Harald machte sich nichts aus Feiern und war ganz froh, hier an der Theke zu hocken. Mit zwei Gin im Blut ließ sich auch Peter ganz gut ertragen. Er bestellte neue Getränke. Die Tische für die fast 3000 Gäste waren jetzt fertig gedeckt, und aus den Lautsprechern dudelten amerikanische Weihnachtslieder. Die ersten Leute suchten ihre Plätze an den Festtischen.

»Eure Getränke.« Der Barkeeper hatte inzwischen eine rothaarige Kollegin. Peter nickte ihr gierig zu, was sie jedoch ignorierte.

Harald war immer noch neugierig. »Und sag mal, was hat Ilka ...?«

»Nenn sie die Frau, deren Name nicht genannt werden darf«, unterbrach Peter und breitete die Arme aus. »Ja, wir hatten eine gute Zeit, es herrschte Eintracht zwischen den POS-Abteilungen.«

»Hamster und Igel – Hand in Hand«, warf Harald ein.

Peter warf ihm einen anerkennenden Blick zu, als wolle er sagen: Endlich verstehst du mich. Harald wollte noch etwas ergänzen, da durchdrang eine laute, kreischende Stimme den Bing-Crosby-Klangteppich.

»Harald – wann machst du mir endlich ein Kind?«

Er fuhr herum. Hinter ihm stand Cordula, die jetzt Ginsters Sekretärin war, nicht mehr Claus-Dieters. Sie war total aufgebrezelt, trug eine affige Weihnachtsmütze und grinste ziemlich dämlich. Neben ihr stand mit bedrückter Miene Kirsten.

»Ich wusste nicht, dass ihr euch so nahe steht«, witzelte Peter.

»Krieg dich ein, war ein Scherz«, rief Cordula und nahm die unglückliche Kirsten in den Arm. »Da vorne gibt's Prosecco«, sagte sie dann zur Erklärung.

»Hier trinkt man harte Sachen, Süße«, flötete Peter und winkte der Barfrau.

Harald schaute Cordula und Kirsten irritiert an, doch die ließ sich nicht beirren.

»Und ihr Sweeties hängt hier an der Bar rum, statt euch auf eure Plätze zu setzen? Ihr solltet euch was schämen.«

»Das tun wir doch«, entgegnete Peter und reichte die neuen Gin Tonics herum. »Wir ertränken unser schlechtes Gewissen.«

Kirsten hob abwehrend die Hände. »Ich vertrage keinen Alkohol.«

»Da ist kaum was drin«, log Peter und drückte ihr das Glas in die Hand.

»Liebe Candy-Mitarbeiterinnen und -Mitarbeiter«, tönte es aus den Lautsprechern.

Die Musik hatte abrupt geendet, und ein Mann im Smoking war auf die Bühne geklettert.

»Schön, dass Sie alle hier sein können.«

»Der Vorstandsvorsitzende Böckering«, erläuterte Peter, »er wird jetzt die Bergpredigt halten.«

»Sei doch mal ruhig«, zischte Kirsten.

»Du brauchst nicht zuzuhören, er erzählt ohnehin jedes Jahr das Gleiche«, antwortete Peter. Seine Stimme klang etwas belegt. »Als Erstes sagt er: ›Es war ein gutes Jahr.‹«

»Es war ein gutes Jahr«, rief Böckering. Beifall erklang. Der Vorstandschef lächelte. »Aber wir konnten es nur schaffen, weil Sie alle daran mitgewirkt haben.«

»Amen«, sagte Peter und hob sein Glas.

An den nächstgelegenen Tischen drehten sich einige Mitarbeiter zu ihm um. Kirsten stöhnte. Haralds Kopf war etwas schwer geworden. Er lauschte dem Vorsitzenden, der Ertragssteigerungen, Zukäufe, Produktneuheiten aufzählte, kam aber nicht mehr so richtig mit.

»Doch der wichtigste Erfolg in diesem Jahr ist der Launch unseres neuen Produktes. Ganz Europa spricht bereits von der Revolution des Schokoriegels: dem Briegel. Das wird Candy wieder ein ganz großes Stück voranbringen«, schwärmte Böckering. »Und dafür möchte ich Ihnen allen danken, vor allem aber meinem Freund Stefan.«

Beifall brandete auf. Der Gelobte kam mit einem Satz auf die Bühne. Er war größer und jünger als Böckering.

»Der Markenvorstand von Auster, Ginsters Boss«, flüsterte Peter. »Hält sich schon bemerkenswert lange.«

Harald nickte.

»Weil er es bislang geschafft hat, alle Flops, und das waren verdammt viele, auf den jeweiligen Marketingdirektor zu schieben«, ergänzte Peter.

»Die halten sich nicht so lange«, murmelte Harald. Der Alkohol machte ihn irgendwie träge. Cordula zog eine Grimasse, schließlich musste sie sich dauernd mit neuen Chefs rumschlagen. Sie hatte in ihrer Umhängetasche kleine Flaschen irgendeines Modeschnapses versteckt, die sie jetzt auspackte und in die Runde verteilte. Kirsten zog ein Gesicht und gab ihre Flasche an Frank weiter.

Wo kommt der denn plötzlich her, fragte sich Harald. Frank trug auch zu diesem festlichen Anlass einen karierten Pullover. Was wird er nur den ganzen Abend tun, hier gibt es doch gar keine Fenster, zu denen man hinaussehen kann, schoss es Harald durch den Kopf.

Applaus brandete auf. Böckerings Rede war wohl vorbei. Peter drückte Harald ein weiteres Glas Gin Tonic in die Hand. Er hatte aufgehört zu zählen. Laute Musik setzte ein. Die Band hatte ihren Job begonnen. Eine schwarze Soul-Sängerin brüllte ihre Version von »Here comes Santa Claus« ins Mikrofon.

Eine Hand tippte auf Haralds Schulter. Er drehte sich um und schaute in ein lila geschminktes Gesicht, das ihn erwartungsvoll ansah. Der zugehörige kleine Mann trug einen spitzen, mit Sternen besprenkelten Hut und einen dunklen Umhang.

»Simsalabim, meine Freunde«, rief das Männchen.

»Jetzt wird's lustig«, lallte Peter.

Kirsten verzog das Gesicht. Cordula kippte eine weitere Flasche von dem Schnaps in einem Zug herunter.

»Seid ihr bereit für einige Zauberspiele?«, fragte der Mann.

»Kannst du uns hier wegzaubern?«, fragte Peter.

»Nein, das kann ich nicht«, antwortete der Zauberer und begann auf einem Bein zu hüpfen. »Aber dafür einen Kartentrick.« Er zog ein Kartenspiel aus dem Umhang und schaute erwartungsvoll in die Runde. Frank gähnte.

»Zieh eine Karte«, verlangte der Zauberer von Frank.

Erschrocken schaute Frank das Männchen an, besann sich dann aber und folgte der Aufforderung.

»Pik sieben«, sagte er.

»Nein, nein, nein«, rief der Zauberer, »du musst das für dich behalten.«

Frank schaute konsterniert.

»Toller Trick«, murmelte Peter.

»Wieso denn?«, wollte Frank wissen und schaute hilfesuchend zu den anderen.

»Gut, wir machen was anderes«, lenkte der Magier ein. »Sag eine Zahl zwischen eins und zwölf.«

»Vierzehn«, schlug Peter vor.

Der Gaukler runzelte die Stirn und zog ein rotes Tuch aus der Jacketttasche.

»Seht ihr?«, fragte er in die Runde.

»Das ist ja Zauberei!«, stellte Peter trocken fest.

»Wartet doch«, sagte das Männchen und begann, das rote Tuch in seine zur Faust geballte Hand zu stopfen. »Abrakadabra«, wisperte er.

Peter schlug sich die Hand vor den Mund. Harald starrte auf das verschwindende Tuch. »Driving home for Christmas«, sang die Soul-Lady. Mit einem triumphierenden Lächeln öffnete der Zaubermeister die Hand, in der er nun ein grünes Tuch hielt. Kirsten klatschte unsicher.

»Du hast das rote Tuch nicht richtig in dein Hemd geschoben«, stellte Peter sachlich fest und zeigte auf den selbsternannten Zaubermeister.

Alle sahen jetzt den roten Fetzen, der aus dem Ärmel hing. Hastig stopfte der Gaukler den Stofffetzen in seinen Anzug. Etwas fiel aus einem anderen Ärmel. Harald schaute zu Boden. Es war ein Stapel gelber Post-its. Er schaute in das lila geschminkte Gesicht.

»Herr Weis …?«

Aribert guckte zornig.

»Toll, mit euch macht das überhaupt keinen Spaß.«

»Arri, willst du ein Kind von mir?«, lallte Cordula und hielt sich an der Theke fest.

Der Zauberer schaute sie an und schien tatsächlich über die Option nachzudenken.

»Meine Damen und Herren«, tönte es von der Bühne, »der Abend strebt seinem ersten Höhepunkt zu.«

»Ich muss weiter«, nuschelte Aribert und verschwand.

»Du hättest das doch nicht sagen müssen«, tadelte Kirsten Peter, doch der grinste nur.

»Wie auf jeder Weihnachtsfeier wird nun der Mitarbeiter des Jahres geehrt«, tönte der Sprecher. »Begrüßen Sie mit mir unseren Personalchef Dr. Karl Katzbach, der nun den Glücklichen oder die Glückliche auszeichnen wird.« Der Saal tobte.

Peter hob sein Glas: »Wird eng dieses Mal. Frank hier ist Favorit.« Er prostete seinem Kollegen zu. »Aber Dorothea ist ihm dicht auf den Fersen.«

Harald fuhr herum. Seine Lieblingskollegin war zu ihnen gestoßen und schaute sauertöpfisch in die Runde.

»Gin Tonic?«, fragte Peter grinsend.

»Wasser«, entgegnete Dorothea und warf Harald einen hasserfüllten Blick zu.

Kirsten nickte eifrig.

»Hallo, liebe Freunde«, schrie es aufgekratzt von vorne. Katzbach hatte die Bühne erklommen und klammerte sich an das Mikrofon. »Wollt ihr wissen, wer das Rennen gemacht hat?«

Der Saal bejahte die Frage.

»Ihr wollt also wissen, wer dieses Mal die begehrteste Candy-Auszeichnung erhält und per Business-Class in die Staaten reist und dort eine Woche am Stammsitz verbringen wird?«

Der Saal tobte erneut. Das Licht wurde abgedunkelt, die Band spielte einen Trommelwirbel. Ein einzelner Scheinwerfer irrte durch das Publikum.

»Hast du eine Rede vorbereitet?«, flüsterte Peter Kirsten zu.

Sie schaute ihn entsetzt an.

»Du musst doch wissen, wem du dankst und so weiter«, ergänzte er.

»Du meinst …«, fragte Kirsten bestürzt.

»Pscht, Ruhe«, verlangte Dorothea eisig. »Man bekommt ja gar nichts mit.«

Cordula blickte zu Harald und legte ihren Arm um seine Schultern: »Sie denkt, dass sie es wird«, flüsterte sie ihm ins Ohr.

Harald klammerte sich an den Gin Tonic.

»Der Sieger – beziehungsweise ich muss sagen, die Siegerin, in diesem Jahr ist Frau Sonya Haliyari.«

Orkanartiger Beifall brach los. Harald versuchte, in dem Alkoholnebel einen klaren Gedanken zu fassen.

»Ich kann es nicht fassen«, lallte Peter. »Das hätte ich einfach nicht gedacht.«

Sonya trat zu Katzbach. »Isch kann es noch gar nischt fassen«, jauchzte sie ins Mikro.

Harald zuckte zusammen. Jetzt wusste er, woher er den Namen kannte. Die Band begann eine Cover-Version des Christina-Aguilera-Songs »Candy-Man« zu spielen, das Publikum klatschte rhythmisch.

»Sweet Sugar Candy Man«, flüsterte jemand in Haralds Ohr. Ein süßes Parfüm umwehte ihn. Er drehte sich um und wäre fast vom Hocker gefallen, als er in Gabys Gesicht starrte.

»Willst du tanzen?«, fragte sie strahlend. Harald versuchte aufzustehen, aber es gelang ihm nicht richtig. Cordula und Kirsten mussten ihn festhalten, sonst wäre er nach vorne gekippt.

»Verdammt«, murmelte er. Gaby kicherte.

»Da hat einer aber zugeschlagen«, gurrte die Blondine und warf sich in Pose.

Cordula warf ihr einen abschätzigen Blick zu. Harald schaute sie dagegen verzweifelt an, aber an einen Gang zur Tanzfläche war nicht zu denken.

»Schade«, lachte Gaby, »das wird wohl nichts mehr.« Sie drehte sich zur Seite und rief winkend: »Marco! Hallo!«

Ein junger Mann im Muskel-Shirt drehte sich um.

Oh nein, dachte Harald. Der Schönling vom Empfang. Gaby knuffte Harald in die Seite und lief dann zu dem Jungen, der sie an die Hand nahm und mit ihr in der Menge verschwand.

»Da geht es hin, das Glück«, summte Peter und stellte Harald einen neuen Drink vor die Nase, während er mit den Fingern den Rhythmus des Aguilera-Songs mitklopfte.

»Mir ist ganz schlecht«, jammerte Kirsten. Dorothea schaute besorgt. »Die Bass-Verstärker, das bekommt meinem Magen nicht«, setzte Kirsten hinzu.

»Du musst trinken, dann geht das weg«, belehrte Peter sie.

»Da hast du verdammt Recht«, kreischte Cordula und verteilte wieder ihre Miniflaschen. Harald hielt sich noch immer an der Bar fest. »Let's get loud«, sang die Soul-Queen.

»Frohe Weihnachten«, sagte Peter und hob sein Glas.

»Ich muss mal«, antwortete Harald und begann, Richtung Toiletten zu wanken.

Mit einigen Schlenkern durch die Tischreihen und der Unterstützung einer Kellnerin gelangte Harald schließlich in den WC-Bereich. Verkrampft schaute er zu Boden und versuchte, halbwegs schlenkerfrei geradeaus zu gehen. Wasser plätscherte, am Boden hatte sich eine festgetretene Schicht aus Feuchtigkeit, Schmutz und weggeworfenen Einmalhandtüchern gebildet. Harald sah auf. Warum zum Teufel hatten die alle Pissoirs abgeschraubt? Er schaute die Blondine an, die auf ihn zutrat. Irgendetwas in seinem Gehirn wollte an den Gin Tonics vorbei, schaffte es aber nicht. Jetzt flog etwas auf ihn zu. Das war die Handtasche der Blondine.

»Macht dir das Spaß, du Gaffer?«, brüllte die Frau.

Harald torkelte rückwärts und prallte gegen eine andere Frau, die quiekend aufschrie.

»Entschuldigung, ist ja schon gut«, murmelte er und öffnete die Ausgangstür beziehungsweise das, was er dafür hielt. Vier Augen starrten ihn an. Zwei davon gehörten Gaby, die anderen diesem Marco, der ihm zudem ein muskulöses, vor allem aber entblößtes Hinterteil entgegenstreckte. Gaby, die auf dem Spülkasten saß, lief dunkelrot an. Entsetzt schloss Harald die Tür und schaute zu den beiden Frauen, die offenbar auch einen Blick in die Kabine gewagt hatten und jetzt mit offenen Mündern vor ihm standen.

»Hier ist wohl falsch«, lallte Harald und schwankte mit letzter Kraft aus dem WC.

An der Bar warteten die POSler und eine neue Runde Gin Tonic. Peter schwankte auf seinem Hocker hin und her und schaute Harald bemüht konzentriert aus seinen mittlerweile blutunterlaufenen Augen an.

»Was bist du eigentlich für ein Russe?«, wollte er wissen. Harald griff zu dem Gin und winkte grinsend ab.

»Lass mal gut sein, du schwarzer Peter«, stammelte er unbeholfen und prostete Cordula zu, die sich zum Missfallen des Barkeepers auf die Theke gesetzt hatte. Selbst Kirsten und Frank hatten rote Wangen bekommen, nachdem ihnen Cordula mehrere Fläschchen aus ihrem offenbar unendlichen Vorrat eingeflößt hatte. Nur Dorothea stand abseits und schaute sauertöpfisch drein. Haralds Blick fiel auf seine Vorgängerin.

»Nun komm mal her, meine Süße«, rief Harald.

»Hört, hört«, sekundierte Peter. Dorotheas Augen verengten sich.

»Ihr seid einfach widerlich«, zeterte sie und schaute sich verzweifelt in der Halle um. Offenbar gab es aber für sie keine realistische Alternative zu den Saufkumpanen ihrer Abteilung. Harald schüttete unbeholfen eine von Cordulas Flaschen in seinen neuen Gin Tonic und nahm dann einen tiefen Schluck des fürchterlichen Gemisches.

»Bleib doch mal locker«, presste er heraus.

Dorotheas Blick sprach Bände, aber Harald nahm das nicht mehr wahr.

»Nein wirklich«, lallte er. »Mach mal Urlaub, lass dich gehen.«

»Genau«, assistierte Peter. »Am besten in die Dom Rep. Schickes Hotel, Sonne, all inclusive …«

Frank nickte. »Da ist es wirklich schön.«

Dorotheas Gesicht sah aus, als hätte sie in eine Zitrone gebissen.

Harald beugte sich vor, ihm war gerade im Lichte der allerjüngsten Ereignisse eine Idee gekommen, eine brillante, wie er fand: »Und weißt du, Schätzchen, dann suchst du dir so einen strammen Reggae-Typen und lässt dich mal so richtig durchbürsten.«

Womm. Das Letzte, was Harald von dieser Feier bewusst wahrnahm, war eine Hand, die sich rasend schnell seinem Gesicht näherte. Er fiel irgendwohin. Es schmerzte. Aufgeregte Stimmen kamen näher, undeutliche Lichter schwirrten umher. Dann wurde es dunkel.

TEIL 4

Fall und Aufstieg des Harald G.

Ginsters Rache

Mit erbärmlichen Kopfschmerzen saß Ginster an seinem Schreibtisch. Sein einziger Trost war, dass auch Cordula aussah, als wenn man ihr mehrere Bratpfannen über den Schädel gehauen hatte. Schonungslos betrachtete er die Gesamtlage. Seine Gesamtlage.

Gleich das erste Ding hatte er prächtig versemmelt. Einer der wichtigsten Großkunden war so verärgert, dass er vermutlich nie wieder irgendein Candy-Produkt vertreiben würde. Er traute sich gar nicht, seinem Studienfreund, dem Markenvorstand von Auster, den gestrigen Vorgang zu beichten. Vielleicht hätte er es gestern Abend zwischen Prosecco und Bacardi-Cola ansprechen sollen. Aber da hatte er die Stimmung nicht verderben wollen. Himmel, das war ein Millionen-, vielleicht sogar ein Milliardengeschäft, das da gestern geplatzt war. Wenn das aufflog, war er erledigt. Die achte »strategische Differenz«. Andererseits konnte er kaum die Klappe halten.

Austers Konkurrent, Vertriebsvorstand Günter Rolfes, wusste dank seines Spitzels Dr. Lohne doch bestimmt schon bestens Bescheid. Ginster durchwühlte seine Aktentasche nach einer Kopfschmerztablette. Endlich fand er eine und spülte sie mit dem erkalteten Kaffee herunter, der vor ihm stand. Schuld an allem jedoch, das stand glasklar fest, war dieser Grützner. Wie kam der dazu, in seiner Präsentation mit Igeln aufzukreuzen? Vermutlich hatte Struck das noch in Auftrag gegeben, aber zum Teufel, Grützner hätte eben noch mal nachfragen müssen.

Die Tür klappte auf. Cordula, die schon in normalem Zustand keine wirklich schöne Frau war, sah aus wie ein Zombie. Tiefe Augenringe zierten ihre blutunterlaufenen Augen, die sie zudem kaum aufbekam.

»Telefon für dich. Dr. Lohne vom Vorstandsbüro.«

Ginster erschauerte. Die Einschläge kamen näher. Hatte er Cordula eigentlich das Du angeboten? Er konnte sich nicht erinnern, aber wer weiß, was da gestern Nacht vorgefallen war.

»Ja, Ginster hier«, murmelte er mit mäßiger Begeisterung in den Hörer.

Cordula schlurfte davon.

»Hmm ja«, nuschelte es aus dem Telefon zurück. »Schätze mal, Sie haben jetzt ein Problem, hmm?«

»Problem, na ja, ja …«, stotterte Ginster wenig geistreich.

Lohne ließ nicht locker: »Eine Milliarde Briegel, schon bestellt, aber viel zu wenig Absatzstellen. Nicht gut, hmm? Und wie lösen wir das, haben Sie schon eine Idee?«

»Es gibt nicht nur Fairy-Food, wir gehen andere Wege«, sagte Ginster mehr ins Blaue hinein.

»Papperlapp«, rief der Vorstandsreferent. »Wer Fairy nicht hat, ist bei 40 Prozent aller Verkaufsstellen ausgelistet. Eine Katastrophe ist das!«

»Ja, sicher«, gab Ginster kleinlaut zu. »Aber was sollen wir denn tun?«, fügte er dumpf hinzu.

»Haben Sie schon mal über unser eigenes Geschäftsstellennetz nachgedacht, ich meine unsere Candy-Stores?«, krächzte Lohne. »Bestimmt haben Sie das.«

»Ja, ja«, beeilte Ginster sich zu sagen.

»Aha. Gut. Dann haben Sie sicherlich auch eine Idee, wie wir unsere Läden so umrüsten, dass man die Briegel kühl lagern kann? Diese Mistgurken schmelzen ja beim kleinsten Sonnenstrahl. Und in den Candy-Stores gibt es keine Kühlschränke.«

»Hmm, ja, äh ... wir arbeiten dran«, sagte Ginster kläglich.

»Haben Sie schon mit Ingrid gesprochen?«

Wer war Ingrid?, fragte sich der Marketingdirektor verzweifelt und wünschte sich, er hätte die vor einigen Tagen in einem schicken Restaurant erfolgte Einweisung seines Studienfreundes ein wenig ernster genommen.

»Nicht direkt«, log er.

»Ja, so kommen wir nicht weiter«, rief Lohne. »Sie müssen Ingrid ein handfestes Konzept vorlegen, sonst bekommen wir den Umbau nicht durch. Das betrifft Hunderte von Läden. Ich mache Ihnen für morgen früh um neun einen Termin. Schönen Tag noch.« Es klickte in der Leitung. Ginsters Schädel raste.

Cordula schaute um die Ecke. »Wann kommt dein Nachfolger?«, fragte sie mit gleichmütigem Ton.

»Niemand kommt. Niemand!! Sag mir lieber, wer Ingrid ist.«

»Huh!«, rief Cordula. »Sag nicht, du hast einen Termin bei Ingrid?«

»Ich warte«, polterte Ginster.

»Schon gut, hör auf zu schreien. Ingrid Müller ist Vorstand

der Verwaltung. Liegenschaften, Einkauf, Fuhrpark ... Und du wolltest Grützner sprechen. Der ist jetzt da.«

Unsicher wegen des zu erwartenden Donnerwetters und des Restalkoholpegels in seinem Blut, stolperte Harald in das Büro des Marketingleiters. Es war noch keine fünf Wochen her, da hatte ihn hier Struck mit irgendwelchen Theorien zugetextet. Und jetzt saß da dieser gelackte Ginster und hatte offenbar keine gute Laune.

Auch Haralds Schädel brummte wie eine defekte Ölheizung, jedenfalls stellte sich Harald so das Geräusch einer defekten Ölheizung vor.

»Wissen Sie, was Sie angerichtet haben?«, schrie Ginster, als Harald sich setzen wollte.

Harald hielt inne. »Wieso, ich habe doch gar nicht ...«

»Nein, Sie haben nichts gemacht. Und diese Igel waren rein zufällig unterwegs. IN MEINEM MEETING!« Ginster zitterte vor Wut.

Harald überlegte, ob er sich setzen solle, entschied sich aber dagegen, was falsch war.

»Warum stehen Sie hier rum? Setzen Sie sich«, polterte Ginster. »Eine Milliarde Briegel sind schon produziert. Wo sollen die jetzt hin, wenn Fairy die nicht abnimmt?«

»Vielleicht in ... Entwicklungsländer ...« Harald verstummte, als er Ginsters Blick sah.

»Ich sag Ihnen mal was«, schrie Ginster weiter. »Wer Fairy nicht hat, ist bei 40 Prozent aller Verkaufsstellen ausgelistet!« Er nickte heftig und beugte sich dann zu Harald vor, der am liebsten weggelaufen wäre. »Haben Sie schon mal über unser Geschäftsstellennetz, die Candy-Stores, nachgedacht? Bestimmt nicht. Sollten Sie aber. Vor allem weil Sie bis morgen früh Zeit haben, eine Idee zu entwickeln, wie wir die blöden Briegel in den Geschäftsstellen kühlen können. Sie kennen doch unsere Geschäftsstellen?«

»Nur zu gut«, antwortete Harald kleinlaut, denn die hatte er in vielen Jahren Außendienst bundesweit bereisen dürfen. Da gab es keine Kühlgeräte. »Warum müssen denn Briegel eigentlich kalt aufbewahrt werden?«, fragte er hilflos. »Das ist doch gar nicht üblich bei verpackten Schokoriegeln.« Ginsters Gesicht erinnerte Harald an einen Raubvogel. Einen Raubvogel mit Gel-Locken.

»Ein Konzeptionsfehler, in der Tat«, räumte der Lockenvogel ein. »Hat einer meiner Vorgänger verbockt.«

»Auf dem Stuhl hält man sich nicht lange, oder?«, fragte Harald und hätte sich dann am liebsten in die Zunge gebissen. Blitzartig fuhr der Raubvogel die Klauen aus.

»Das lassen Sie mal meine Sorge sein. Aber eins kann ich Ihnen versprechen. Ich halte mich auf meinem Posten länger als Sie auf Ihrem. Und wenn Sie eine Chance haben wollen, Ihren Job zu behalten, und ich spreche hier nicht von einer großen Chance, sondern vom Hauch einer Chance, dann haben Sie morgen früh ein Konzept für die Kühlung.«

Haralds Mund stand offen, aber Ginster war noch nicht fertig.

»Ich sage Ihnen, dieser Hauch einer Chance, das ist, das ist … nicht der Hauch eines Mammuts, sondern eines, eines …« Er ruderte mit den Armen und suchte nach einem passenden Vergleich.

»… Igels?«, rutschte es Harald unfreiwillig heraus.

Jetzt stand Ginsters Mund offen. »Pünktlich um neun will

die Verwaltungsvorständin Frau Müller wissen, wie das mit den Kühlungen funktionieren soll«, keuchte er heiser. »Ein ausgefeiltes Konzept, Berechnungen, Machbarkeitsstudien, Kalkulationen, alles!«

»Aber ich habe doch keine Ahnung, was …«

Ginster unterbrach ihn mit Mordlust in den Augen. »Und morgen früh haben Sie keinen Job mehr. Darüber sollten Sie mal nachdenken!«

Er sprang auf und rief nach Cordula, die augenblicklich ins Zimmer trat. Es war klar, dass sie die ganze Zeit gelauscht hatte.

»Herr Grützner möchte jetzt gehen«, fauchte Ginster.

Harald stand auf und taumelte an Cordula vorbei aus dem Raum.

Weißt du, wie viel Schränke stehen …

Harald wankte aus dem Zimmer. Im Flur blieb er stehen und hielt sich an der Wand fest. Ein Schwindelanfall. Was war nur aus ihm geworden? Seine kleine, armselige Existenz hing jetzt am seidenen Faden, und dieser gelackte Ginstervogel hatte die Schere schon angesetzt. War nur die Frage, wie lange wiederum dessen Faden hielt und ob er ihn im Absturz gleich mitziehen würde.

Mit diesen düsteren Gedanken schlich er zurück zu seinem Arbeitsplatz. Die anderen waren schon da. Dorothea würdigte ihn keines Blickes, Gaby wurde rot und schaute betreten zu Boden, Frank guckte wie immer aus dem Fenster. Wenigstens Kirsten sagte hallo, verzog dann aber ihr Gesicht und meinte: »Du riechst schrecklich nach Alkohol.«

»Erzähl was Neues«, knurrte Harald und startete seinen Wunderrechner. Während sich der goldene Schriftzug aufbaute, dachte Harald über seine verzweifelte Lage nach. Bis morgen früh sollte er ein Konzept entwickeln, das dann eine ihm völlig unbekannte Vorstandsfrau überzeugen musste, Millionen und Abermillionen für irgendwelche Kühlgeräte auszugeben.

»Was wisst ihr über Kühlschränke?«, fragte er in die Runde.

»Sie sind kalt«, meldete sich Peter zu Wort.

»O.k., das war zu ungenau«, gab Harald zu. »Hast du vielleicht bei einem Promotion-Einsatz schon mal mit Produkten zu tun gehabt, die kühl bleiben mussten?«

»Wir hatten doch mal diese Eis-Aktion«, mischte sich Kirsten ein.

»Hör auf«, winkte Peter ab. »Die Studenten steckten in Eiswaffel-Attrappen und sollten irgendeine neue Eissorte an die Teilnehmer einer Tourismusmesse verteilen.«

»Und?«, fragte Harald hoffnungsvoll. »Wie habt ihr das mit der Kühlung gemacht?«

»Wir hatten einen Tiefkühltransporter dabei«, antwortete Peter. »Dann kam das Eis in Umhängetaschen mit Trockeneis. Das Problem war nur, dass die Studenten so blöd in den Eiswaffeln steckten, dass sie die Taschen selbst nicht umhängen konnten, und wenn es jemand anderes für sie machte, kamen sie mit den Armen nicht mehr an den Inhalt, weil irgend ein Depp die Armschlaufen zu hoch angebracht hatte.«

Kirsten schaute Peter böse an, aber Harald schüttelte den Kopf. So kam er nicht weiter.

Er ging ins Internet und suchte Kühlsysteme. Das Problem war, dass es sich um Geräte mit Glastüren handeln musste, sonst konnte ja niemand die Briegel sehen. Und dann gab es bestimmt Probleme mit der Heißluft, die so ein Riesenkühler abstrahlte. Das würde den übrigen Candy-Produkten in den Shops, also Pralinen, Schokotafeln und das ganze andere Zeug, bestimmt nicht guttun. Außerdem müsste man den Kühlschränken ein besonderes Design verpassen. Vielleicht war es der richtige Ansatz, den Kühlschränken eine Briegelform zu verpassen? Wie viele Shops gab es überhaupt? Haralds Chefsekretärinnen-Telefon klingelte. Er suchte den richtigen Knopf – immer wieder vergaß er, wo der war.

»Büschl«, knarrte es aus dem Hörer. »Gehen wir heute Mittag zusammen essen?«

»Ich kann nicht«, flüsterte Harald in den Hörer. »Ein megawichtiges Projekt, das bis heute Abend fertig sein muss.«

»Dann eben nicht«, sagte Büschl mit beleidigtem Unterton. Kaum hatte Harald aufgelegt, klingelte der Apparat schon wieder, eine externe Nummer.

»Körfke, guten Tag, es geht um die Rechnung für die Kostüme«, bellte es aus dem Hörer. Harald runzelte die Stirn.

»Darf ich Sie mit Herrn Schwarz verbinden, der hat bestimmt den besseren …«

»Mit Herrn Schwarz habe ich schon dreimal gesprochen, er meinte, das sei jetzt Chefsache.«

Verärgert winkte Harald zu Peter, doch der hatte seine Lieblingshaltung eingenommen: versteckt hinterm Bildschirm.

»Können Sie mir eine E-Mail schicken?«, fragte Harald hoffnungsvoll.

»Wie viele E-Mails soll ich denn noch schreiben? Das wird

langsam eine Sache für Anwälte«, zeterte der Mann am anderen Ende der Leitung.

Schließlich einigten sich Harald und Körfke dann doch darauf, dass man es mit einer letzten E-Mail versuchen wolle und es bestimmt nichts Persönliches sei.

Schon während der letzten Sätze hatte sich die Milchglastür geöffnet, und eine blasse junge Frau kam hereingeirrt. Sie sprach erst leise mit Kirsten, die sie jedoch mit Worten und Gesten zu Haralds Tisch schickte. Kaum hatte der den Hörer aufgelegt, schob sie ein Papier auf seine Schreibtischunterlage.

»Da kann was nicht stimmen«, sagte sie mit dünner Stimme. Harald bemerkte, dass die Frau hektische Flecken im Gesicht hatte. Ihre dunklen Haare waren zu einem unordentlich geflochtenen Zopf geknotet.

»Worum geht es denn?«, fragte Harald ungehalten.

»Die Abrechnung vom letzten Monat. Ich habe zwei Mal mehr im Promo-Team gearbeitet. Und dieser Tag hier«, sie zeigte auf eine Zahlenkolonne in der Mitte des Blattes, »ist auch falsch. Ich war Sonntag dran als Biene und nicht Mittwoch als Panda. Da fehlt dann auch der Zuschlag.«

Harald schaute der Schwarzhaarigen in die Augen. »Haben Sie mit Herrn Schwarz …?«

»Ja, ja, hat sie«, mischte sich Peter ein, der an den Tisch getreten war.

Harald zuckte zusammen. »Ich finde, du solltest bei der nächsten Weihnachtsfeier den Zauberer geben«, schnauzte er. »Wie wär's mit: der Schwarzmagier? Ich erscheine und verschwinde wie von Zauberhand …«

Peter grinste frech und sagte dann: »Kathleen hier hat völlig Recht. Alles falsch. Aber du musst die Änderungen abzeichnen, sonst kriegt sie keine Kohle.«

Harald griff zur Stiftebox. Der Bleistift war abgebrochen, sein Anspitzer verschwunden. Der erste Kugelschreiber kratzte zwar ein Loch in den Abrechnungsbogen, aber sonst auch nichts. Der zweite lief aus, kaum hatte Harald die Spitze angesetzt.

»Kann hier eigentlich mal irgendwas funktionieren«, fluchte er.

Kathleen kramte in ihrer Umhängetasche und zog schließlich einen Soft-Pen mit kitschigen Hunden und rosa Herzchen hervor. Harald zog die Stirn kraus und setzte seine Unterschrift unter die eingekreisten Stellen.

»Damit gehen Sie jetzt zur Abrechnungsstelle«, sagte Peter freundlich.

»Wo ist die?«, wollte Kathleen wissen.

Peter lächelte immer noch: »Ich habe keinen blassen Schimmer, junges Fräulein. Letzte Woche war sie im SG IV, dritter Stock. Aber das hilft Ihnen diese Woche vermutlich auch nicht weiter.«

Wieder klingelte das Telefon. Diesmal wollte ein Lieferant wissen, wo er die Holzböcke für den »28. Großen Nagelbalken-Wettbewerb« abliefern solle.

Harald stöhnte. »Hier zieht's«, meckerte er.

Kirsten glotzte ihn an, als wenn sie sagen wolle, das sei doch ihr Part.

»Und außerdem stinkt es fürchterlich«, setzte Harald nach. »Warum zum Teufel kaufst du dir ein Zwiebelmettbrötchen?«

»Ich weiß es auch nicht«, wimmerte seine Kollegin. »Immer wenn ich zu diesem schrecklichen Bäcker gehe, sind meine Lieblingssachen weg. Und dann muss alles schnell gehen, weil die S-Bahn kommt und die Leute in der Schlange meckern, und dann lass ich mir immer was andrehen.« Sie starrte auf das Brötchen. »Dabei hasse ich Zwiebeln. Ich bekomme schrecklichen Ausschlag davon.«

Harald schüttelte den Kopf. Er würde niemals bis heute Abend fertig werden, wenn er ernsthaft versuchen würde, Kirstens Probleme zu lösen.

»Gaby«, rief er durch den Raum.

»Ich war's nicht«, sagte die Blondine trotzig. Harald raufte sich verzweifelt die Haare.

»Mensch, lass mich doch erst mal ausreden. Kannst du bitte herausfinden, wie viele Candy-Geschäftsstellen es in Europa gibt?«

»Wie soll ich denn das machen?«, fragte Gaby verstört.

»Keine Ahnung. Geh ins Internet, ruf beim Vertrieb an oder bei der Presseabteilung.«

»Ich muss heute aber früher gehen«, hob die Blondine an.

»Das kann ich mir denken«, erwiderte Harald scharf. Vor seinen Augen tauchte das Bild einer geöffneten Toilettentür auf, und er musste heftig schnaufen. Gaby blickte trotzig zu ihm herüber und zog einen Schmollmund. Sofort verrauchte sein Ärger. Wenn sie wütend war, sah sie einfach umwerfend aus.

Was Harald nicht wusste: In diese Falle waren im Laufe der Jahre eine ganze Reihe leitender Mitarbeiter der Candy-Gruppe getappt. Männliche Mitarbeiter.

Der Erste in der Reihe war der Chef der Kreditoren-Abteilung gewesen, der Gaby während eines Mallorca-Aufenthaltes in einem Ferienpark kennengelernt hatte, wo sie als Animateurin jobbte. Fasziniert von ihrem vermeintlichen Können bot er ihr spontan eine Stelle als Assistentin an. Das war auch höchste Eisenbahn, denn an diesem Tag sollte Gaby eigentlich gefeuert werden. Zum einen, weil sie am Abend zuvor alle männlichen Gäste überredet hatte, sich ihren Cluburlaub doch mit Heilfasten zu versüßen, was den Restaurantumsatz spontan halbierte. Zum anderen aber, weil der Direktor sie mit dem Surflehrer erwischte, was sehr verwerflich war, insbesondere da der Direktor selbst ein Auge auf sie geworfen hatte.

Auch die Tätigkeit als Buchhaltungsassistentin blieb nicht lange störungsfrei. Wenige Wochen nach Arbeitsantritt verursachte die Blondine einen üblen Schadensersatzprozess, weil eine eilige Projektrechnung unbezahlt blieb. Gaby konnte sich auch nicht erklären, warum »dieses langweilige Stück Papier« unter ihre Schreibtischunterlage geraten war, wo es sich vor den zuständigen Mitarbeitern erfolgreich versteckt hatte.

Herzerweichend war auch ihr Blick gewesen, als sie zugeben musste, dass sie einem Candy-Geschäftspartner irrtümlich 100 000 statt 100 Euro überwiesen hatte. Dass der Empfänger eine Woche später Insolvenz anmeldete und damit das Geld unwiederbringlich verloren war, machte die Sache nicht wirklich besser.

Da kam es höchst gelegen, dass Gaby kurz zuvor in der Kantine ein »hohes Tier« aus der EDV kennengelernt hatte. Nach einem gemeinsamen Wochenende in Budapest war Gaby dann gerettet und durfte sich fortan mit dem Titel »Administrationsmanager« schmücken. Kurze Zeit später startete die IT-Abteilung den »Roll-out« für eine unternehmensweite Kundenbeziehungssoftware. Alle »Administrationsmanager« schwärmten aus, um die Software auf den Rechnern der Mitarbeiter zu installieren. In Gabys Zuständigkeit fiel ausgerechnet der Vorstandsbereich. Leider hatte sie bei der Schulung vor sich hin geträumt und daher keinen blassen Schimmer, was zu tun war. Um nicht aufzufallen, installierte sie allen Vorstandsmitgliedern süße Bildschirmschoner mit tschilpenden Vögeln und schillernden, bunten Fischen. Die Sache wäre womöglich niemals herausgekommen, denn ein Vorstandsmitglied interessiert sich üblicherweise gar nicht für Kundenbeziehungen und muss folglich auch keine diesbezügliche Software bedienen. Leider hatte Gaby es jedoch übertrieben, denn die von ihr im Internet ausgewählten Bildschirmschoner übermittelten ihren Nutzern jeden Tag Sinnsprüche zweifelhafter Qualität wie etwa: »Die Gedanken, die wir uns auswählen, sind die Werkzeuge, mit denen wir die Leinwand des Lebens bemalen.« Als die Bildschirmschoner dann anfingen, Kettenbriefe per E-Mail zu versenden, in denen wahlweise der Delfinmord auf den Färöer-Inseln oder die Umweltverschmutzung in Kasachstan angeprangert wurde und demjenigen, der die Botschaft nicht umgehend an fünf Bekannte weiterleiten würde, ein qualvoller Tod prophezeit wurde, flog die ganze Aktion auf.

Glücklicherweise hatte einer der betroffenen Vorstände Mitleid mit der vor Scham weinenden Gaby und besorgte ihr eine Stelle im Marketing, weil – so seine Begründung nach einem intensiven Vieraugengespräch – sie dort am wenigsten Schaden anrichten würde.

Wieder klingelte das Telefon.

»Kann ich Frau Göhmann sprechen?«, wisperte eine Stimme.

»Wie ist deine Durchwahl, Dorothea?«, rief Harald durch den Raum.

Dorothea sah ihn eisig an. »Nicht mal das weißt du«, sagte sie kalt.

»Zweimal die sieben, zweimal die acht«, flüsterte Kirsten.

Harald knallte den Hörer auf. Wo war er stehengeblieben? Ach genau, Kühlschränke, die aussahen wie Briegel. Aber was war, wenn der Konzern in einem Jahr beschloss, den Briegel einzustampfen, überlegte Harald, und, sagen wir mal, einen »Flodder« herauszubringen? Dann musste der Kühlturm so flexibel gestaltbar sein, dass aus einem Briegel- ein Flodderdesign wurde.

Es zischte und schnalzte. Harald sah entnervt auf. Die Milchglastür hatte sich geöffnet, und der bucklige Bürobote schob den Aktenwagen herein. Er leckte über seinen Oberlippenbart und schaute dann Kirsten an, die ihre Augen weit aufgerissen hatte.

»Arentz?«, fragte die Gestalt.

»Pütz«, sagte Kirsten.

»Grrrp«, antwortete der Mann und warf ihr einen Stapel Briefe hin, dann zerrte er den Wagen zurück durch die Türöffnung.

Kirsten hob die Post auf. »Die sind nicht für uns«, gab sie bekannt.

»Der wird es noch mal ganz weit nach oben bringen«, wurde aus der Ecke kommentiert.

Harald wollte etwas sagen, doch dazu kam er nicht mehr,

denn in diesem Moment erklang eine ohrenbetäubende Sirene. Kirsten heulte auf, und Harald schaute fassungslos im Zimmer herum. Peter zuckte mit den Achseln, Gaby war aufgesprungen, und sogar Frank hob den Kopf.

»Was, was, was …«, murmelte Harald.

Dorothea stand auf und ging nach vorne zur Tür. »Feueralarm, wir sollten auf die Straße gehen«, sagte sie teilnahmslos und spazierte durch die Milchglastür.

»Ich kann so nicht arbeiten«, flüsterte Harald und ballte seine Hände zu Fäusten. Dann schrie er noch einmal: »ICH KANN SO NICHT ARBEITEN!«

Defragmentierung

Der Feuerwehreinsatz dauerte mehr als vier Stunden. Letztlich stellte sich heraus, dass ein Praktikant einen Teekocher falsch bedient hatte. Die Leitung des Gerätes war angebrannt, es gab einen Kurzschluss, und der hatte wohl das vor zwei Jahren für eine Höllensumme installierte ausfallsichere globale Feuermeldesystem getäuscht. Als Harald sich durch die Masse von hereinströmenden Candy-Mitarbeitern gekämpft hatte und endlich wieder an seinem Platz saß, war es fast 16 Uhr. Gaby entschuldigte sich, sie habe so ein seltsames Ziehen im Oberbauch, und verschwand dann fluchtartig aus dem Raum. Natürlich hatte sie nichts herausgefunden. Dorothea rauschte wortlos davon, aber das war kein großer Verlust, wie Harald fand. Kirsten trat an seinen Platz und stammelte etwas von einer Großtante, die sie heute dringend sehen wolle. Als er ihr großherzig freigegeben hatte, stellte er fest, dass Frank währenddessen ebenfalls verschwunden war – so geräuschlos wie immer. Er drehte sich zu seinem letzten verbliebenen Kollegen.

»Peter, kannst du mir mal sagen …?«

»Selbstverständlich kann ich«, flötete es aus der Ecke, während die Schlussmelodie seines herunterfahrenden Rechners erklang. »Alles, was du willst, Chef. Normalerweise. Aber heute ist doch der POS-Stammtisch.«

»Der was?«

»POS-Stammtisch. Ich treffe mich mit den Studenten.«

»Du meinst wohl eher die Studentinnen«, knurrte Harald entnervt und machte eine abwinkende Bewegung. »Dass du nach der Nummer gestern überhaupt nur an eine Kneipe denken kannst …«

Peter zog sich eine Schlägermütze in die Stirn und verschwand grinsend durch die Milchglastür.

Harald war allein.

Er stellte fest, dass er seit seinem Arbeitsbeginn vor fünf Wochen noch nie allein in der Abteilung gewesen war. Eine Wanduhr tickte. Die Klimaanlage rauschte. Stark gedämpft hörte er Hupen und andere Verkehrsgeräusche von draußen. Harald starrte auf seinen Bildschirm, obwohl es da streng genommen nichts zu sehen gab. Er stand auf und griff gedankenverloren zu einem der Schokoriegel, die hier immer in Massen herumlagen. Dann beschloss er, sich einen Tee zu kochen. Draußen auf dem Gang war ebenfalls kein Mensch zu sehen. Offenbar hatte die gesamte Candy-Belegschaft nach dem Feuerschock beschlossen, den Rest des Tages lieber privaten Dingen nachzugehen. Harald schaute auf die Uhr. Kurz vor fünf. Er hatte nichts, was er präsentieren konnte, und morgen würde ihn die fürchterliche Vorstandsfrau zur Schnecke machen. Erst Igel, dann Schnecke. Es lief irgendwie schlecht. Harald füllte Wasser in den Teekocher. Sicherheitshalber schaute er das Kabel genau an. Wie war sie wohl, die Frau Ingrid Müller? Ein blondes Mäuschen, Anfang 30, das den Job nur durch eine Affäre mit dem Aufsichtsratsvorsitzenden bekommen hatte? Eine strenge schwarzhaarige Domina, Ende 40, vor der alle kuschten? Eine blutleere Frau Anfang 40, mit strenger Brille und mindestens hundert Jahren Erfahrung in internationalen Steuerberatungsgesellschaften? Oder gar eine dickliche Juristin in den 50ern, die man in der Verwaltung entlassen hatte, weil sie selbst für staubtrockene Aufgaben wie Verkehrsleitsystemoptimierung zu wenig Fantasie besaß, und deren Lieblingsbeschäftigung darin bestand, Leuten wie ihm das Leben zur Hölle zu machen, wenn sie sich nicht gerade mit Schokoriegeln vollstopfte? Das Wasser kochte, Harald übergoss einen Beutel Pfefferminztee. Es hatte keinen Sinn, darüber weiter nachzugrübeln.

Er ging wieder zurück durch die Milchglastür und schlurfte an seinen Rechner. Langsam nippte er an dem Tee, verbrannte sich die Zunge, verkleckerte ein bisschen Teewasser auf der Briegel-Schreibtischunterlage. Plötzlich durchzuckte ihn ein Geistesblitz, und er begann endlich, das Konzept, sein Konzept, aufzuschreiben. Er zog sich parallel Daten und Preise von Anbietern aus dem Internet, speicherte Fotos von Spezialkühlschränken ab, führte überschlägige Rechnungen durch, speicherte noch mehr Fotos und fertigte schließlich sogar eine kleine Grafik an.

Um kurz nach acht lehnte er sich zufrieden zurück. Er hatte keine Ahnung, ob das alles so funktionierte, aber zumindest würde er sich mit diesem Papier nicht blamieren.

Am besten erst einmal ausdrucken, dachte Harald. Er betrachtete das Schreibprogramm. Da war doch oben links immer so ein kleiner Button mit einem Druckerzeichen gewesen. Jetzt allerdings konnte man dort zwar einrücken, ins Französische übersetzen und die Rechtschreibung überprüfen, drucken dagegen war irgendwie nicht mehr vorgesehen. Harald klickte auf die Menüführung. Vor ein paar Tagen hatte das noch funktioniert, irgendetwas war jetzt aber anders. Er konnte öffnen, speichern, in andere Formate konvertieren. Eine süße kleine Ratte – vielleicht war es aber auch ein Hamster?? – poppte auf und fragte per Sprechblase: »Möchten Sie einen Blog erstellen?« Harald wollte keinen Blog erstellen. Die Ratte war hartnäckig und fragte nach dem Blogformat.

»Verzieh dich«, murmelte Harald und klickte auf der Ratte herum. Der Bildschirm färbte sich blaugrün. »Rechner wird heruntergefahren, und wichtige Updates werden für Sie installiert. Bitte unterbrechen Sie den Vorgang nicht«, verkündete Windows VIP in goldglänzender Schrift.

»Nein …«, fuhr Harald auf und klickte wie ein Verrückter auf der Oberfläche herum. Hatte er eigentlich die Datei gespeichert? Nach mehreren Minuten fuhr der Rechner mit einem sanften Seufzer wieder an und zeigte die vertraute Oberfläche. Haralds Konzept war verschwunden. Er wühlte durch die Programme, schaute in die Liste der letzten Dokumente. Es gab nichts. Nur die Fotos, die Harald aus dem Netz geladen hatte, waren noch da. Wie ein Häuflein Elend saß Harald vor seinem Wunderrechner und schüttelte verzweifelt den Kopf. Die Wanduhr zeigte jetzt kurz nach acht. Die Arbeit von drei Stunden war zerstört.

Fluchend versuchte Harald, sein Konzept zu rekonstruieren. Diesmal speicherte er die Datei sofort und drückte alle paar Sekunden auf das Diskettenzeichen. Um halb elf war er sich sicher, dass er es halbwegs wieder zusammengebastelt hatte, wenngleich auch die Brillanz des ersten Entwurfes fehlte, wie er fand. Wieder suchte er den »Drucken«-Knopf. Plötzlich erzeugte der Rechner Harfentöne.

»Was …?«, murmelte Harald, da öffnete sich ein kreisrundes, goldenes Fenster. »Windows VIP hilft Ihnen bei der Datenorganisation«, verkündeten die schimmernden Buchstaben.

»Tu. Das. Nicht«, krächzte Harald, doch sein Gigamat war anderer Meinung. »Festplatte wird defragmentiert. Ungenutzte Dateien werden zur Optimierung des Speichervolumens gelöscht«, verkündete die Goldschrift. Die Soundkarte des Rechners imitierte dazu ein heiteres Vogelzwitschern.

»Nein«, schrie Harald verzweifelt, als er in dem Fenster die Zeile »Konzept1.doc« sah, die kurz darauf in einer närrischen Pulverwolke verschwand. »Nein, nein, nein«, brüllte Harald, während er auf die Tastatur einprügelte. Tränen standen in seinen Augen.

In diesem Moment flog die Milchglastür auf, und zwei Männer traten in den Raum. Der eine hatte eine Uniform an und war unzweifelhaft ein Mitglied des Wachschutzes. Der andere Mann trug eine braune Lederweste. Sein blassgraues Haar war halblang und ein wenig unordentlich zur Seite gekämmt.

»Was tun Sie denn da?«, rief der Wachmann. Harald starrte den Uniformierten verzweifelt an.

»Sehen Sie denn nicht, mein Konzept …?«, stammelte Harald leichenblass und stierte wieder auf den Bildschirm. Der zweite Mann schaute besorgt.

»Wie lange sitzen Sie denn schon hier im Büro, Herr …«

»Grützner«, zischte Harald. »Na, seit heute Morgen. Warum?«

Der Mann mit der Lederweste schüttelte den Kopf und schaute Harald traurig an. »Es ist wirklich schlimm geworden.« Er machte eine Pause und trat dann auf Harald zu. »Entschuldigung, ich habe mich gar nicht vorgestellt. Manfred Eder vom Betriebsrat.«

Harald nickte verwirrt.

»Wann genau haben Sie heute Morgen, ach was, ich meine natürlich, wann hast du heute Morgen den Dienst angetreten, Kollege?«

»Um neun, ich …«

Wieder schüttelte Eder den Kopf. Auf seiner Stirn waren viele Sorgenfalten zu sehen. »Mein Gott, dann bist du jetzt fast 14 Stunden im Dienst.« Er beugte sich zu Harald herunter. »Zwingt man dich zu Doppelschichten, Kollege? Du kannst es mir ruhig sagen, deine Angaben werden vertraulich behandelt.«

»Nein, nein, Sie verstehen nicht …«, widersprach Harald.

Eder wandte sich dem Wachmann zu. »Es ist immer das

Gleiche. Der Druck ist so groß, dass sich die Kollegen nicht trauen, etwas zu sagen. Das hat System!«

»Der Rechner spinnt!«, schrie Harald. »Das ist das Problem! Zum zweiten Mal ist mein Konzept verschwunden. Wie soll ich denn nur morgen den Termin …?« Tränen traten in seine Augen.

»Erschütternd«, murmelte Eder und schaute den Pförtner an. »Siehst du, was dieser unmenschliche Druck anrichtet? Und die Kollegen handeln gegen ihre eigene Gesundheit, aus Angst zu versagen.«

Der Uniformierte nickte langsam.

»Kollege! Ich kann das nicht mit ansehen«, entschied Eder bestimmt. »Du wirst jetzt augenblicklich nach Hause gehen und versuchen, zur Ruhe zu kommen. Überleg dir noch mal, ob du dich uns nicht anvertrauen möchtest. Das Betriebsratsbüro ist morgen Nachmittag von 14 bis 16.30 Uhr geöffnet.« Streng sah er den Wachmann an. »Der Kollege hier darf den Betrieb elf Stunden lang nicht betreten, das ist die gesetzliche Ruhezeit.« Eder schaute auf seine Uhr. »Also morgen nicht vor zehn.«

Harald blickte entsetzt zu dem Betriebsrat. »Aber ich habe um neun einen Termin bei …«

Eder schnaufte verächtlich. »Klar, die lassen dich hier bis in die Nacht schuften, und morgen früh sollst du gleich wieder antreten. Nein, nein, das machen wir nicht mit. Wer ist dein Vorgesetzter?«

»Ginster …«, murmelte Harald.

»Wir werden uns beim Personalchef beschweren«, entschied Eder. »Das wird ein Nachspiel haben, Kollege! Auch wenn du jetzt vielleicht Angst vor deinem Chef hast, du wirst sehen, mit unserer Unterstützung wird sich das regeln.« Er tätschelte Harald den Rücken und verschwand dann durch die Milchglastür.

Der Pförtner sah Harald mitleidig an und brummte dann: »Nun komm schon, Junge, sieh zu, dass du ins Bett kommst.« Er schob Harald zum Ausgang, der einen letzten verzweifelten Blick auf seinen noch aktiven Rechner warf.

Germany's Next Top Grützner

Gleißendes Licht umfing Harald, und ohrenbetäubende Musik erklang. Ein Scheinwerfer strahlte ihm direkt ins Gesicht. Undeutlich erkannte er dahinter vier Gestalten, die an einem langen Tisch saßen und ihn anblickten. Harald schaute an sich herunter und erschrak. Er trug Frauenklamotten! Seine rasierten Beine steckten in hochhackigen Schuhen. Von hinten schrie jemand: »Uuuuund Action!«, dann wurde Harald nach vorne gestoßen. Er taumelte einen Holzsteg entlang auf das Pult zu, knickte ein, kroch ein Stück, hievte sich wieder hoch und stand schließlich vor den vier Personen. Eine blonde Frau, die ihm irgendwie bekannt vorkam, schaute ihn kopfschüttelnd und durch ihre grauen Augen sehr kalt an. Ein Farbiger, der neben ihr saß, verzog angewidert das Gesicht.

»Goodness, das haben wir wirklisch schon mal besser gesehen«, sagte er streng. »Mann, wo ist deine concentration?«

Harald lief der Schweiß durchs Gesicht, er merkte erschrocken, dass er dick geschminkt war. Der Farbige sah irgendwie aus wie Katzbach. Ein farbiger Katzbach.

»Wo, wo bin ich, was soll …?«, stammelte er.

Der zweite Mann, ein schwarzgelockter Typ mit einer riesigen Portion Gel im Haar, schaute zu der zweiten Frau, einem grell geschminkten schwarzhaarigen Vamp: »Was denkst du, Ingrid?

Sie schüttelte energisch den Kopf: »Nein, das war wirklich nicht das, was wir sehen wollten …«

Mit kalter Stimme sagte sie zu Harald: »O. k., du kannst jetzt gehen, und Kirsten soll reinkommen.«

Harald wankte zurück über den Steg, wobei ihm ständig der Schuh abknickte. Er passierte zwei Holzwände und kam dann aber in einen Bereich, wo es nicht so laut war. Er warf sich auf ein weißes Sofa und schloss die Augen. Als er sie wieder öffnete, weil ihm eine Hand über die Schulter streichelte, hatten sich zwei bildhübsche dunkelblonde Mädchen neben ihn gesetzt. Sie hätten Zwillingsschwestern sein können.

»Das ist ja voll krass, wie die disch behandelt haben«, sagte die eine.

Das andere Mädchen nickte und schüttelte fast gleichzeitig den Kopf. »Das ist nicht fair. Du hast so hart gearbeitet.«

Eine weitere Frau mit kurzen Haaren trat durch die Holzwände.

»Und Kirsten, wie war es?«, riefen die Zwillinge besorgt.

Die Angesprochene lächelte unsicher. »Ich glaube, es war in Ordnung, obwohl ich von dieser Studioluft immer Allergien bekomme, und das Surren der Kamera ist so laut … aber … o Gott, Harald, was haben die mit dir gemacht?« Sie hockte sich vor ihm hin und berührte seine Knie. »Die brauchen immer einen, auf dem sie herumhacken.«

»Isch find' das so scheiße«, maulte eine der Dunkelblonden.

»Achtung, noch 20 Sekunden«, ertönte es aus einem Lautsprecher. »Sonya, mach dich bitte fertig!«

Eine der Zwillinge war aufgesprungen und schaute in die Runde. »Ich bin soooooo nervös«, gestand sie der Runde.

Die anderen Mädchen schauten verständnisvoll. Nur Harald schloss die Augen und rieb sich die Stirn. Eine schlechte Idee, da er so das ganze Make-up verschmierte.

»Und los geht's«, sagte die Lautsprecherstimme. Draußen ertönte wieder Musik, dann Stimmen, aber Harald verstand nichts.

»Harald, bitte fertigmachen«, dröhnte es durch den Raum. Harald kapierte nicht, was das alles sollte.

»Du musst disch jetzt der Sache stellen«, verlangte die zweite Dunkelblonde. Sie reichte Harald die Hand. »Glaub an disch! Dann schaffst du's.«

Mit einem Seufzen ließ er sich hochziehen.

»Und los!«, befahl der Lautsprecher. Wieder torkelte Harald über die Bühne, obwohl er sich diesmal etwas sicherer fühlte. An dem Pult saßen nur noch drei Menschen, die Blonde hatte sich vor den Tisch gestellt. Sie trug einen kurzen Rock mit Strumpfhose und ein silber schimmerndes Oberteil und schaute streng. Irgendetwas stimmte mit ihren Beinen nicht. Was für eine seltsame Körperhaltung, dachte Harald. Dass sie sich überhaupt gerade halten kann. Tatsächlich stand die Frau sehr seltsam vor ihm, sie hatte ihre Füße so gestellt, dass ihre Beine eine O-Form bildeten. Wegen der Spannung im Unterkörper musste der Oberkörper darüber balancieren. Es sah alles extrem verkrampft aus. Wäre die Situation nicht so beängstigend gewesen, Harald hätte fast lachen müssen. Sie sah ihn durch dicke Brillengläser weiter

mit starrem Blick an, ein bisschen wie unter Drogen. In ihren Händen hielt sie eine Unterlage. Diese Brille, dachte Harald, die war doch vorhin noch gar nicht da gewesen.

»Am Anfang hast du uns gut gefallen«, sagte die Blonde mit ausdrucksloser Miene. Sie machte seltsame Sprechpausen. »Beim Shooting warst du sogar großartig.«

Pause.

»Davon hätten wir gerne mehr gesehen.«

Riesenpause.

Wovon spricht die Frau?, rätselte Harald mit wachsender Verzweiflung. Ihr Haar war plötzlich nachgedunkelt und schimmerte graubraun. Harald hatte Durst und wollte nur weg hier. Warum in aller Welt trug er Frauenkleider? Was wollte diese Hexe von ihm?

»Aber dann kam dein Auftritt auf dem Steg«, lamentierte sie.

Pause.

»Wir haben dich nicht wiedererkannt.«

Pause. Verdammt, verdammt, verdammt, schoss es Harald durch den Kopf. Irgendetwas war grauenhaft schiefgegangen. Würde er bestraft werden? Was war die Folge? Müsste er sich ab sofort bis an sein Ende jeden Tag von dieser fürchterlichen Frau beschimpfen lassen, die er mit einem Mal als seine Kollegin Dorothea erkannte? Der Schweiß lief durch sein Gesicht, tropfte in sein Kleid, das wie ein nasser Sack an ihm herunterhing.

»Harald«, sagte Dorothea scharf und blickte ihm mit einem eiskalten Blick direkt in die Augen, während sie ihre mit einem Mal aufgetauchte Katze streichelte. »Harald Grützner, ich habe heute leider kein Foto für dich!«

Ganz oben

Mit einem Schrei fuhr Harald in seinem Bett hoch. Er sah sich um. Es war kurz nach acht, und er lag nassgeschwitzt in seinem Pensionszimmer. Kurz nach acht! Sein Handywecker hatte ihn im Stich gelassen, weil er vergessen hatte, das Mobiltelefon zu laden, wie ihm schlagartig einfiel. Harald stürzte ins Bad, schnitt sich beim Rasieren, duschte panisch, wobei er das Zimmer unter Wasser setzte. Zog dann sein letztes frisches Hemd an, wunderte sich über die seltsame Knopfreihe, stellte dann fest, dass er es falsch herum angezogen hatte. Beim Umkrempeln riss ihm ein Knopf ab. Gebügelt war das Kleidungsstück auch nicht. Harald wühlte in einem seiner Kartons herum und zog schließlich triumphierend eine dunkelblaue Weste heraus, die er über das lilafarbene Hemd zog. Passte nicht so richtig gut zusammen, auch wegen der braunen Hose, aber das durfte jetzt keine Rolle mehr spielen. Um 20 vor neun hastete er aus der Pension. Jeder Versuch, jetzt noch rechtzeitig die S-Bahn zu bekommen, war aussichtslos. Er gönnte sich also das einzige Taxi, das zufällig vor dem Haus stand.

In dem Wagen herrschte akuter Sauerstoffmangel, da der Fahrer offenbar Kettenraucher war.

»Können Sie bitte das Fenster öffnen?«, keuchte Harald.

»Wenn's dir hier nicht passt, sieh halt zu, dass du einen anderen Wagen nimmst«, schnauzte der glatzköpfige Fahrer zurück.

Harald blinzelte erst auf den tätowierten Handrücken des Mannes und dann verzweifelt auf seine Uhr.

»Okay, Sie können mich da an der Ecke rauslassen, hier kommen genug Wagen vorbei«, rief er.

»Wie der Herr wünschen«, zischte der Tattoo-Mann und blinkte nach rechts. »Sie wissen, dass wir internationale Baumesse haben, oder?«, setzte er dann hämisch hinzu, während er bremste.

Mit einem erneuten Blick auf die Uhr gab Harald auf. »Fahren Sie weiter«, murmelte er kleinlaut.

Um sieben vor neun kamen sie an der Hasengasse an. Das Taxameter zeigte 15,30 Euro an. Harald reichte dem Kettenraucher seinen letzten Zwanziger.

»Kann nicht wechseln«, brummte der Fahrer. Harald starrte den Mann an.

»Wie?«, fragte er zornesrot.

»Stimmt so«, beschloss der Chauffeur und steckte sich eine neue Zigarette an.

Harald fixierte den Mann, doch der ließ sich offenbar nicht aus der Ruhe bringen.

»Brauchen Sie 'ne Quittung?«, fragte er seelenruhig.

Wortlos stieg Harald aus und ging schnellen Schrittes davon.

Wenigstens habe ich die Tür nicht geschlossen, dachte er grimmig.

»He, das ist hier kein Fünfsternehotel!«, brüllte ihm der Taxifahrer nach, aber Harald dachte gar nicht daran, sich umzudrehen. Ein Blick auf seine Armbanduhr ließ ihn seinen Schritt beschleunigen. Der Vorstand saß im neunten Stock, das wenigstens hatte er gestern noch herausgefunden. Eilig lief er auf das Drehkreuz zu und hielt seine Karte an das Magnetfeld. Die Kontrollleuchte blinkte rot. Nichts tat sich.

»Was denn ...?«, schrie Harald und sah zu der Pförtnerloge hinüber. Voller Schrecken erkannte er den Uniformierten von gestern Abend, der sogleich aufsprang. Harald drehte auf dem Absatz um und rannte aus dem Eingang wieder zurück auf den Bürgersteig der Hasengasse. Als er sich umschaute, sah er, dass der Wächter ihm folgte. Haken schlagend lief Harald an den abgestellten Wagen vorbei und duckte sich hinter einen Kleintransporter. Suchend blickte der Pförtner umher, schlurfte dann aber, als er Harald nicht entdecken konnte, wieder ins Gebäude zurück. Es war Punkt neun. Offenbar hatte dieser Betriebsrat ganze Arbeit geleistet und seine Karte bis zum Ablauf der Ruhezeit sperren lassen. Warum durfte eigentlich dieser Wachmann schon wieder arbeiten?, fragte sich Harald, dann kam ihm die rettende Idee. Er rannte um das Gebäude herum zum Haupteingang. Die Halle war leer, nur am großen Counter saß die Mitarbeiterin des Jahres und lackierte gerade ihre Fingernägel.

»Ein Notfall!«, brüllte Harald schon von weitem und rannte so schnell er konnte an der Theke vorbei.

»He, das ist nischt erlaubt«, rief Sonya.

»Sie stirbt«, schrie Harald und fuchtelte wild mit den Armen, während er weiter Richtung Fahrstühle lief.

Sonya zögerte kurz und griff dann zum Telefonhörer, aber da hatte Harald schon den ersten Aufzug erreicht, der sich sogar öffnete und ihn in den neunten Stock fuhr.

Dort oben lag überall ein flauschiger, offenbar sehr teurer Teppich. Alles roch neu. Ehrfürchtig schritt Harald auf eine Glastür zu. Dahinter saß eine kurzhaarige Assistentin an einem riesigen Schreibtisch aus schwerem Holz. Sie blickte auf.

»Schickt Sie Herr Ginster?«, fragte sie mäßig interessiert.

»Ich, äh, soll …«, begann Harald, doch die Assistentin winkte ab und stand auf.

»Folgen Sie mir«, sagte sie und brachte Harald ans andere Ende des riesigen Vorzimmers.

Mit einem Seitenblick durch das Panoramafenster auf der rechten Seite konnte Harald einen herrlichen Blick über die ganze Stadt erhaschen, doch dann fiel ihm schlagartig wieder ein, dass er mit leeren Händen gekommen war, und die Freude wich großer Nervosität.

»So, bitte«, sagte die Assistentin und öffnete eine schwere Eichentür.

Zwei Dinge nahm Harald auf einmal wahr. Das eine war Ingrid. Der gefürchtete Vamp war sie nicht. Sie war schätzungsweise Anfang 60, trug kurze graue Haare, und wenn man sie in der U-Bahn getroffen hätte, hätte man auf alles getippt, aber nicht darauf, es hier mit dem Vorstandsmitglied eines Weltkonzerns zu tun zu haben. Die Vermutungen wären eher schon in Richtung Bäckereiverkäuferin auf dem Viktualienmarkt gegangen. Das andere war ein gigantischer Glaskasten, der die gesamte Seitenwand des Vorstandsbüros einnahm und bis an die Decke reichte. Der Kasten war mit mehreren Kubikmetern Erde gefüllt, zumindest sah es vom Eingang gesehen so aus. Erst als sich Ingrid räusperte, merkte Harald, dass er das Gebilde mit offenem Mund anglotzte.

»Entschuldigung, äh … Harald Grützner ist mein Name«, stammelte Harald und reichte Ingrid die Hand.

»Ingrid Müller«, sagte die Vorstandsfrau und lächelte warmherzig. »Gefällt Ihnen mein Formicarium?«

»Ein Ameisenbau?«, fragte Harald ungläubig.

»Sie kennen sich ja aus«, sagte Ingrid anerkennend. »Ich hätte nicht gedacht, dass es bei Candy auch nur einen Mitarbeiter gibt, der weiß, was ein Formicarium ist.«

Harald zuckte mit den Achseln. »Ich hatte mal beruflich mit Ameisen zu tun«, antwortete er leise.

Ingrid riss die Augen auf. »Wundervoll, Sie müssen mir das alles erzählen!« Sie schaute auf ihre Uhr und runzelte die Stirn. »Leider habe ich nur wenig Zeit. Ich dachte, dieser nervtötende Ginster kommt, und habe Sabine deshalb gesagt, sie solle höchstens eine Viertelstunde einplanen.« Sie lachte und bot Harald einen Sessel an. »Sehen Sie, da drüben in meinem Besprechungszimmer ist auch noch eins«, sagte sie stolz. »Und hier in den Boden habe ich einen Verbindungsgang mit Glasdecke einbauen lassen. Da kann man die Ameisen beobachten, wie sie zwischen den Räumen hin und her laufen.«

Harald schaute zu Boden. Die Frau war verrückt. Tatsächlich gab es hier einen durchsichtigen Tunnel, der durch den Teppichboden lief.

»Wissen Sie was? Haben Sie heute Abend etwas vor?«

Harald schüttelte den Kopf.

»Dann gehen wir essen, vielleicht ins Cantuccini. Das kennen Sie bestimmt? Sagen wir um acht.« Sie lachte wieder.

Harald wusste gar nicht, wie ihm geschah.

»Gut«, sagte Ingrid und stand auf. »Wie gesagt, meine Zeit ist knapp.« Sie reichte Harald die Hand.

Unsicher erhob sich auch Harald.

»Ist denn noch was?«

»Na ja, eigentlich sollte ich doch …«

Ingrid fasste sich an den Kopf. »Ach herrje, vor lauter Begeisterung habe ich gar nicht gefragt … Sie sind bestimmt nicht wegen der Ameisen hier?« Sie schaute wieder auf die Uhr. »Sind Sie schon lange bei uns?«

»Ich war bislang im Außendienst«, erklärte Harald.

»Ach!«, rief Ingrid. »Das wird ja immer schöner.« Sie trat ganz nahe an ihn heran und schaute ihn mit ihren großen hellblauen Augen an. »Dann kennen Sie doch unsere Geschäftsstellen, oder?« Harald nickte eifrig. »Wissen Sie, was ich vorhabe?«

Harald schüttelte den Kopf.

Ingrid blickte ihn spitzbübisch an. »Na, was fehlt in den Geschäftsstellen? Das muss Ihnen als Außendienstler doch aufgefallen sein.«

Harald ergriff die Chance: »Kühlschränke!«

»Genau«, rief Ingrid entzückt. »Ich habe gestern beschlossen, alle unsere Geschäftsstellen mit Kühlschränken auszustatten. Also nicht so einfache Kühltruhen, sondern richtige durchsichtige Schränke, dann können wir Eis hineinstellen, das kurbelt den Verkauf an! Wird natürlich nicht billig wegen der Abluft, aber ich denke, es wird mal Zeit, dass wir die Außenstellen aufmöbeln.«

Harald war sprachlos und konnte nur noch nicken.

»Wissen Sie, was ich mich frage?«, sagte Ingrid, während sie Harald in Richtung Ausgang schob. »Warum sind diese Vertriebsheinis da nicht schon lange drauf gekommen?«

Sie standen jetzt im Türrahmen, die Assistentin machte energische Handzeichen.

Harald schüttelte den Kopf und sagte dann mutig: »Man könnte in die Kühlungen auch unsere neuen Briegel legen. Die zerfließen doch ohne Kühlung. Das würde vielleicht den Absatz ankurbeln …«

Ingrid schaute ihn erstaunt an. »Sie sind ja genial! Sabine, verbinden Sie mich mal mit Lohne!«

»Sie müssen aber los«, zeterte die Vorzimmerdame.

Ingrid schritt zu ihrem Schreibtisch. »Geht schnell, geben Sie ihn mir gleich hier.«

Sabine tippte eine Nummer ein, sprach mit einer Kollegin und reichte dann den Hörer weiter.

»Herr Lohne, bei mir steht Herr Grützner aus dem …«

»POS«, half Harald aus.

»Aus dem POS, was immer das auch ist.« Sie kicherte. »Er hat die Idee, unseren neuen Verkaufsschlager Briegel in den Geschäftsstellen in Kühlsystemen anzubieten. Sie sollten mal mit dem Mann reden!«

Sie schaute zu Harald und hob den Daumen. »Ja, sag ich ihm«, lachte sie und legte auf.

»Sie sollen gleich mal rüberkommen, Sabine zeigt Ihnen, wo das ist.«

Sie tätschelte Haralds Schulter. »Also, bis heute Abend!«

Das Zimmer von Dr. Lohne war klein und eng. Erleichtert stellte Harald fest, dass es hier keine Ameisen gab. Der Vorstandsassistent stellte ihm, ohne zu fragen, eine Tasse Lotusblütentee vor die Nase.

»Waren Sie das nicht mit den Igeln?«, fragte er unvermittelt.

Harald schaute kleinlaut und nickte.

»Na ja«, winkte Lohne ab. »Das war bestimmt Ginsters Idee. Sie können nichts dafür, Sie müssen ja machen, was man Ihnen sagt …«

Jetzt nickte Harald heftig, und Lohne nickte verständnisvoll mit.

»Wie sind Sie auf diese ausgezeichnete Idee gekommen?«, wollte er wissen.

Harald schluckte. »40 Prozent unseres Absatzes wäre über Fairy gelaufen, irgendwie muss man das ja ersetzen.«

»Sehr gut, weiter!«, warf Lohne ein.

»Nun, und dieser Briegel schmilzt ja bei der geringsten Hitze«, wagte sich Harald vor und hoffte, dass nicht Lohne irgendetwas damit zu tun hatte. Doch der Assistent nickte noch heftiger.

»Die Auster-Truppe«, murmelte er grimmig. »Mal sehen, wie lange Böckering das noch so hinnimmt.«

»Aber Herr Böckering hat doch auf der Weihnachtsfeier …«, warf Harald ein.

Lohne schnaufte verächtlich. »Sie sind doch ein intelligenter Mensch, oder? Dann nehmen Sie doch nicht ernst, was in Sonntagsreden gefaselt wird.« Er nahm einen Schluck Lotusblütentee.

Harald trank mit, es drehte ihm fast den Magen um, aber er tat so, als wenn der Tee ein Genuss wäre.

»Gut, oder?«, fragte Lohne.

Harald nickte begeistert. 15 Jahre Außendienst mussten ja zu irgendetwas gut sein.

»Auf jeden Fall bin ich sehr angetan, dass Sie dieses Konzept bei Ingrid, ich meine bei Frau Müller, durchgebracht haben. Sie haben wirklich Biss, junger Mann«, fuhr Lohne fort. »Sie scheinen mir der Richtige zu sein, die Sache auf die Spur zu bringen …« Er schaute Harald lange und durchdringend an. Dann stand er abrupt auf und reichte dem überraschten Harald die Hand. »Gut, ich melde mich bei Ihnen, wie es weitergeht. Vielen Dank!«

Harald verließ das Büro und war heilfroh, dass er den Tee nicht zu Ende trinken musste. Der Tag hatte in jeder Hinsicht eine überraschende Wendung genommen.

Ameisenfütterung

Den Rest des Arbeitstages verbrachte Harald damit herauszufinden, wo dieses verdammte Restaurant war und vor allem wie man dort zu Fuß oder per S-Bahn hingelangen konnte. Denn Harald musste den Tatsachen ins Auge sehen: Er war pleite. Sein letztes Geld hatte er heute Morgen diesem Halsabschneider von Taxifahrer übereignet, sein Konto war dank der Personalabteilung gesperrt, und sein Barvermögen betrug exakt 11 Cent.

Als er schließlich um halb sieben das Büro verließ, hatte es begonnen, in Strömen zu regnen. Fluchend rannte Harald zum S-Bahnhof. Dank eines Monatstickets konnte er wenigstens die öffentlichen Verkehrsmittel nutzen. Nach einigen Umstiegen landete er an der Bushaltestelle Greiningerstraße und lief die letzten 500 Meter zu Fuß. Völlig durchnässt erreichte er um eine Minute vor acht das Cantuccini.

Ingrid war schon da. Fast hätte er sie gar nicht erkannt. Sie trug eine elegante Abendrobe und passte damit – im Gegensatz zu Harald – perfekt in die Kulisse. Dies musste einer der teuersten und feinsten Italiener Münchens sein, schoss es ihm durch den Kopf, und er schämte sich ein bisschen wegen seines lila Hemdes, das er kürzlich in einem Discounter erworben hatte.

Nachdem sie Wasser, Wein und Vorspeisen bestellt hatten, bedrängte Ingrid Harald, alles von seinen Erfahrungen mit Ameisen zu berichten.

Harald trank einen Schluck Rotwein und blickte Ingrid an. »Stellen Sie sich einmal vor, Sie gehen nichtsahnend mit Ihrem Mischlingsrüden durch den nahen Stadtwald. Plötzlich wittert das Tier etwas und rast wie von Sinnen davon.«

Ingrid nickte. »Kenne ich.«

Harald nickte und fuhr fort: »Sie rennen keuchend hinterher, kommen an eine Weggabelung und finden Ihren Hund, wie er sich in einer Blutlache wälzt. Daneben steht ein merkwürdig aussehender Mann mit einem Eimer. Beim Näherkommen, ich meine, Sie kommen näher, aber gehen immer langsamer, merken Sie, dass der Eimer zu etwa zwei Dritteln mit Blut gefüllt ist.« Ingrid schaute Harald gebannt an.

»Und dann?«, fragte sie atemlos.

Harald lehnte sich zurück. »Dann starrt der Typ Sie an,

murmelt, das sei doch alles nur für die Ameisen, läuft zu einem leicht verbeulten Renault und fährt mit quietschenden Reifen auf dem Waldweg davon.«

»Wie unheimlich«, antwortete Ingrid. »Ich hätte, glaube ich, große Angst vor diesem Mann.«

Harald begann zu lachen. Ein italienischer Kellner stellte jedem von ihnen diskret ein Carpaccio hin.

»Warum lachen Sie?«, fragte Ingrid verwirrt.

»Nun«, gab Harald zurück. »Ich kann Ihnen versichern, dass, erstens, mir ständig solche Dinge passieren und dass, zweitens, dieser Vorgang sich ganz genau so zugetragen hat, wie ich ihn gerade beschrieben habe.«

»Und hatten Sie denn keine Angst?«, wollte Ingrid wissen.

Harald schüttelte amüsiert den Kopf. »Na ja, ein bisschen vielleicht, vor dem Hund. Aber ich war ja derjenige, der in dem verbeulten Renault davongefahren ist.«

Jetzt war Ingrid baff. »Das müssen Sie mir erklären, junger Mann.« Sie blinzelte skeptisch. »Vielleicht war meine Begeisterung für Sie zu früh?«

»Nein, nein«, wiegelte Harald eilig ab, während die Pasta aufgetragen wurde. »Das kam ja so: Ich war gerade mit der Schule fertig und hatte beschlossen, dass ich als Soldat nichts taugen würde. Also heuerte ich als Zivildienstleistender bei einem Forstbetrieb an. Und dort hatte man sich auf die Fahne geschrieben, die Kleine Rote Waldameise zu schützen.«

»Formica polyctena«, flüsterte Ingrid, jetzt wieder sehr euphorisch und setzte schwärmerisch hinzu: »Die Kleine Rote Waldameise ist ja die größte Ameise Westeuropas.«

»Gut, dass es keine Große Rote Waldameise gibt«, entgegnete Harald.

Ingrid runzelte die Stirn, sagte aber nichts.

Er fuhr fort: »Die Waldameise an sich ist selten und schutzbedürftig und außerdem extrem anfällig.«

Ingrid nickte bedauernd. »Sie glauben nicht, was mir schon alles mit den Formicarien passiert ist …«

»Eben!«, bestätigte Harald und nahm einen Happen von den Nudeln. Mit vollem Mund sagte er: »Damit sie wächst und gedeiht, haben Ameisenschützer entdeckt, dass es die Waldameise mag, wenn man sie im frühen Frühjahr füttert, wenn das Wetter unbeständig und die Nahrung knapp ist.«

Ingrid wusste, wovon Harald sprach, und bestätigte kichernd: »Es ist nicht ganz so niedlich wie im Zoo, wenn um 12, 15 und 17 Uhr die Seehunde nach den kleinen Heringen hopsen!«

Harald war leicht beschwipst, er hatte zu schnell von dem guten Wein getrunken. Vertraulich beugte er sich vor und ergänzte: »Es ist aber auch nicht ganz so abschreckend wie das Füttern von Vogelspinnen. Ein Freund von mir hatte mal eine. Sie hieß Thekla und bekam jedes halbe Jahr eine Heuschrecke. Vogelspinnen sind sehr genügsam. Sie haben nur alle sechs Monate Hunger, dafür stellen sie dann allerdings höchste Ansprüche an die Frische des Menüs. Es muss noch zappeln, sonst verschmähen sie das Mittagessen!«

Passend zum Thema waren inzwischen Hummer eingetroffen. »Hast du Kummer, iss ’nen Hummer«, flötete Ingrid und prostete Harald zu.

»Möchten die Herrschaften noch eine Flasche?«, fragte der Kellner.

Die beiden bejahten heftig.

»Kommen wir zurück zur Waldameise«, dozierte Harald. »Die Kleine Rote Waldameise ist wesentlich weniger wählerisch. Sie frisst normalerweise Berge lebender oder toter Schädlinge.«

»Das macht sie ja so schützenswert«, warf Ingrid ein.

Harald stimmte zu: »Gut daher, dass es Ameisenschützer gibt. Wenn am Jahresbeginn die Küche kalt bleibt, würden die Tiere qualvoll sterben, wenn man sie nicht mit Ersatznahrung versorgen würde.« Er riss dem Hummer den Schwanz ab, und seine Miene verdüsterte sich: »Der gemeine Ameisenschützer macht sich natürlich nicht die Hände schmutzig. Das ist meist ein versponnener Wissenschaftler, der muss Vorlesungen halten und Protestveranstaltungen vorbereiten – und daher beschäftigte er zumindest damals Zivildienstleistende für die Fütterung. Der Ersatzdienstler konnte sich nicht wehren und musste daher täglich an allen Ameisenhaufen Futtertröge aufstellen, in denen er irgendeine Pampe aus Zucker, Fischmehl und frischem Schweineblut anrührte.«

Die Teller waren leer. Ingrid bestellte trotz dieses heiklen Tischgesprächs Dessert und Kaffee. »Das ist alles wirklich sehr interessant«, erklärte sie. »Und das meine ich ernst, denn ich weiß wirklich, was Ameisenhege und -pflege bedeutet. Aber: Wie war das jetzt mit dem Hund und der Blutlache? Spannen Sie mich nicht länger auf die Folter. Ich bin eine alte Frau und muss ins Bett.« Sie zwinkerte mit den Augen. Haralds Zunge war inzwischen ein wenig schwer geworden.

»Sie sind überhaupt nicht alt«, widersprach er. »Sie sehen blendend aus und stehen doch auch voll im Job!«

Ingrid winkte ab. »Sie schmeicheln mir. Und mit dem Job,

das hat sich bald. Ich wechsle in Kürze in den Aufsichtsrat. Sehr in Kürze, übrigens«, setzte sie kichernd hinzu. »Und jetzt erzählen Sie endlich die Geschichte!«

Harald brauchte einen Augenblick, um die Information zu verarbeiten, dann nahm er den Faden wieder auf: »Ich fuhr also an dem besagten Morgen zum nahegelegenen Schlachthof und fragte wie immer, ob man mir etwas Schweineblut in meinen Zivildienstleistenden-Plastikeimer füllen könne. In der Schlachterei arbeitete übrigens ein ehrenamtlicher Ameisenschützer, so dass ich üblicherweise mein Anliegen nicht besonders erklären musste. Aber an dem Morgen war dieser Mann krank, und ich geriet an einen Standardschlachter, so einem mit Metzgerblick, der einen in Nackenfleisch, Rippchen und Haxen zerlegt. Kennen Sie, oder?«

Ingrid nickte unsicher.

»Ich fragte also schnell nach dem Blut, immer auf dem Sprung, falls der Mann eine falsche Bewegung machen würde. Der jedoch schaute mich nur kurz an, ging vermutlich im Kopf durch, dass ich mich in Schnitzeln nicht rechnen würde, und schüttete dann aus einem großen Trog Blut in meinen Eimer. In der leichten Panik, die mich überkam, bemerkte ich zunächst gar nicht, dass er den Eimer randvoll kippte. Ich nickte stattdessen nur ein schnelles Danke und eilte dann aus den Hallen, nicht ohne leichten Schauder, als mir auffiel, dass in allen Fahrstühlen Schilder angebracht waren mit der Aufschrift ›Höchstgewicht acht Schweinehälften oder vier Viertel Rinder‹. Richtig Luft holen konnte ich erst, als ich mit heulendem Motor den Hof verließ.« Harald seufzte und spielte mit dem Rotweinglas, in seinem Kopf kreiste schon wieder alles.

Gut, dass er beim Wein geblieben war. »Der Rest ist schnell erzählt«, setzte er hinzu. »Als ich in den Waldweg einbog, begann das Blut im Eimer bedenklich zu schwappen. Schon an der nächsten Lichtung drohte sich ein ganzer Blutschwamm im Auto auszubreiten. Blut im Eimer klumpt sehr schnell, sage ich Ihnen, falls Sie mal in eine ähnliche Situation kommen!«

Ingrid winkte belustigt ab. »Selten«, grinste sie.

Harald verzog den Mund. »Jedenfalls ging kein Weg dran vorbei, dass ich anhielt und etwa ein Drittel abschüttete. Genau in dem Moment hörte ich es hinter mir hecheln, und ein völlig durchgedrehter Hund stürzte sich auf die Blutlache. Bevor ich mich davonstehlen konnte, stand auch schon der Besitzer neben mir und schien irgendwie eine Erklärung zu verlangen. ›Das ist doch nur für die Ameisen …‹, setzte ich an, dann kam mir in den Sinn, dass das den Mann nicht wirklich zufriedenstellen würde.«

»›Ihren Hund müssen Sie im Wald aber anleinen‹, wäre vermutlich viel besser gewesen, grinste Ingrid und winkte den Kellner heran. »Können wir zahlen?«

Die Rechnung belief sich auf stolze 187 Euro. Ingrid kramte in ihrer Tasche und murmelte dann: »Ach verdammt …« Sie blickte Harald an. »Herr Grützner, könnten Sie das übernehmen? Sie dürfen das natürlich abrechnen, ich sitze ja an der Quelle …« Sie lachte.

Harald rutschte das Herz in die Hose. »Selbstverständlich«, log er und sprang auf. »Ich muss nur schnell mal um die Ecke, es ist dringend!«, rief er und stürmte durch das Lokal, bevor Ingrid etwas sagen konnte.

Hinter einem Vorhang, der den Durchgang zu den Toiletten

verdeckte, blieb er stehen und schaute panisch in den Gastraum. In seinem Kopf rasten die Gedanken. Glücklicherweise blieb der Kellner nicht am Platz stehen, sondern ging zum Tresen zurück. Vorsichtig winkte Harald ihm zu. Der Mann schaute ihn fragend an. Harald machte Handzeichen, er solle hinter den Vorhang kommen. Misstrauisch näherte sich der Ober.

»Kann man bei Ihnen anschreiben lassen?«, wisperte Harald. Der Mann schaute ihn verächtlich an.

»Ich glaube kaum«, sagte er kalt.

»Hören Sie, ich habe nicht genug Geld dabei, und meine Kreditkarte ist defekt.«

»Wir akzeptieren ohnehin keine Kreditkarten«, erklärte der Kellner hochmütig. »Vielleicht gehen Sie zu einem Geldautomaten?«

»Ja, ja«, nickte Harald eifrig. »Ich bringe nur kurz die Dame zum Taxi und komme dann mit dem Geld.«

»Die Frau bleibt so lange hier«, ordnete der Ober mit schneidender Stimme an.

»Nein«, schrie Harald entsetzt und ergänzte dann leise: »Die Signora ist krank und muss schnell ins Bett.«

»Sie sieht sehr munter aus«, wandte der Kellner ein und zeigte auf Ingrid, die gerade laut lachend mit einem seiner Kollegen palaverte.

»Alles gespielt«, keuchte Harald verzweifelt. Er durchwühlte seine Brieftasche. »Ich lasse Ihnen meinen Personalausweis hier«, bot er schließlich an.

»Und die Armbanduhr«, verlangte der Ober. Harald zog sich die Uhr vom Arm und drückte sie dem Mann erleichtert in die Hand.

»Bin bald wieder da.«

»Das hat aber lange gedauert«, maulte Ingrid. »Können wir los? Ich habe schon ein Taxi bestellt.« Draußen wartete bereits der Wagen.

»Wo wohnen Sie?«, wollte Ingrid wissen.

Harald nannte seine Adresse.

»Prima«, freute sich Ingrid. Dann fahren wir erst bei mir vorbei, und anschließend bringt das Taxi Sie nach Hause.«

Ein eiskalter Schreck fuhr Harald durch die Glieder. Dann würde er ja bezahlen müssen! Der Taxifahrer blinkte.

»Warten Sie!«, keuchte Harald. »Ich habe meinen Schal drinnen vergessen.«

»Hatten Sie einen Schal?«, fragte Ingrid.

»Ja, ja, so einen blauen«, antwortete Harald atemlos. »Wissen Sie was? Fahren Sie los. Ich will nicht, dass Sie unter meiner Vergesslichkeit leiden müssen.« Er tippte dem Fahrer auf die Schulter und sprang aus dem Wagen. »Na los!«, rief er mit steigender Panik und winkte Ingrid zu, die ihn immer noch überrascht anschaute. Dann brauste der Wagen davon.

Harald atmete tief durch. Er machte sich auf den Weg zur Bushaltestelle und überlegte krampfhaft, wie er seinen Personalausweis und die Uhr wiederbekommen könnte, aber das würde er irgendwie am nächsten Tag klären. Vielleicht könnte Cordula ihm Geld leihen … Schnell verwarf er den Gedanken. Hoffentlich rufen die nicht gleich die Polizei, wenn heute Abend die Kasse nicht stimmt, dachte er.

Am nächsten Morgen verschlief Harald. Erst um kurz nach zehn hastete er durch die Milchglastür und stürzte sich an seinen Arbeitsplatz. Im Raum herrschte Totenstille. Alle POSler, bis auf Frank, saßen an ihren Plätzen und starrten

Harald an. Selbst Peter sagte kein Wort und schaute sehr seltsam.

»Was ist denn …?«, fragte Harald. »Ist was passiert?«

»Tu doch nicht so«, fauchte Dorothea.

»Du hättest uns ja schon etwas sagen können«, maulte Kirsten.

»Hätte ich nicht gedacht«, murmelte Gaby und blickte Harald an. Sie wirkte irgendwie ehrfürchtig.

»Ich habe keine Ahnung, wovon ihr redet«, entgegnete Harald gereizt. »Kann mir mal einer sagen …?«

Peter hatte sich erhoben und kam mit einem Blatt Papier auf Harald zu. »Du hast also keine Ahnung?«, fragte er gereizt. »Und diese Hausmitteilung, die gerade per Mail kam, die kennst du natürlich auch nicht.«

»Nein, ich habe verschlafen. Werden wir abgewickelt, oder was?«, fragte Harald und riss seinem Kollegen das Blatt aus der Hand. Er las den Text. Erst einmal – und dann sicherheitshalber noch einmal.

Da stand: »Harald Grützner, 46, bislang Leiter des Point-of-Sale-Verkaufs für hochwertige Schokoladenprodukte, ist mit sofortiger Wirkung zum Marketing-Direktor berufen worden. Herr Grützner konnte in der Vergangenheit vielfältige Erfahrungen in der Candy-Gruppe sammeln. Wir wünschen ihm für die Herausforderungen der Zukunft alles Gute. Der bisherige Leiter des Marketings, Benjamin Ginster, verlässt das Unternehmen aufgrund strategischer Differenzen. Wir danken auch ihm für die sehr kurze, intensive Mitarbeit.«

Harald starrte erst das Papier und dann seine Kollegen an. Da musste doch dieser Lohne dran gedreht haben.

»Mit Candy geht es zu Ende«, stellte Peter grinsend fest. »Kann ich jetzt hier Leiter werden?« Er streckte Dorothea die Zunge raus.

»Alles, was du willst«, flüsterte Harald. »Warte, ich bin gleich wieder da.« Er rannte auf den Flur.

»Sie können da jetzt nicht rein«, rief Ingrids Assistentin entsetzt, als Harald ohne anzuklopfen in das Vorzimmer stürmte. Doch ohne Sabine zu beachten, lief er an ihr vorbei und riss die braune Holztür auf. Jemand saß auf Ingrids Platz und schaute aus dem Fenster. Harald blieb wie versteinert stehen, als er den karierten Pullover wahrnahm. Der Jemand drehte sich um. Es war Frank.

»Was um alles in der Welt …?«, keuchte Harald. Frank schaute ihn unglücklich an.

»Heute Morgen kam die Mitteilung, irgendetwas mit einem Aufsichtsratsposten für Frau Müller und dass ich jetzt hier … Ich habe keine Ahnung, wie das passieren konnte.« Harald schaute in Franks unschuldige Rehaugen. »Verrat mich bitte nicht«, wisperte sein Exkollege. »Ich will doch eigentlich nur meine Ruhe haben.«

Harald schaute ihn lange an, dann schüttelte er immer noch ungläubig den Kopf und sagte: »Das wollen wir doch irgendwie alle …«